木材とお宝植物で
収入を上げる

高齢里山林の林業経営術

津布久 隆 著
Tsubuku Takashi

全国林業改良普及協会

はじめに

「雑木はチップか、薪にでもするしかない」。よく聞く言葉です。これに対し、ある研究報告の中には次のような記述もあります。

「これまでの造林樹種は、スギやヒノキなどの針葉樹種が主流であったが、最近、広葉樹林の価値が見直されてきている。その主な理由は、①建築構造・生活様式の変化、②石油代替資源（バイオマス）としての利用、③環境保全機能としての再認識などである。このように広葉樹林が見直されてきている」

なるほど、近年では、①内装材等における広葉樹の人気が定着しつつあり、②全国で推進されているバイオマス発電において、里山の広葉樹資源は非常に重要な位置を占めています。そして③生物多様性の低下を防ぐために、各地で里山の手入れが始まっています。

そうだ！　広葉樹はもっと見直されて良いはずだ！と力を込めたいところですが、「落ち」があります。今読んでも全く違和感がないこの論文が出されたのは、今から30年以上も前の１９８７年なのです。残念ながらわが国における広葉樹は、これまでずっと見直されてはこなかったと言わざるを得ません。

昭和30年代後半の燃料革命以降、コナラをはじめとした里山の多くの樹木たちが着実に成長を続けてきてくれたお陰で、わが国は膨大な広葉樹資源を蓄えることができました。ただし、里山で行われてきた定期的な攪乱や搾取が停止したため、その林床にはササ類や陰樹類が繁茂してしまい、過去には安らぎの環境であった里山林が、随所でうっそうとした不快な空間になっています。

そして林内が暗くなったことで、秋の七草として親しまれてきたキキョウやオミナエシ等多くの草花が姿を消し、その代わりに、緩衝帯がなくなったために人家近くまでイノシシやシカが出没するようになりました。

また、近年全国に拡大しているナラ枯れは、高齢林に発生しやすいとされています。さらに、もっとゆゆしき点は、そう遠くない将来に、里山の高齢木はしだいに朽ちて倒伏することが必定であるということです。家裏、道路沿い、森林公園などの大木が倒れ始めたら、これはもう社会的な大問題になるのではないでしょうか。

このように里山林が高齢化しても悪いことばかりなので、なるべく早く更新を図るべきなのです。ただし、林地開発等で一般的に行われている「何でもかんでも伐採してチップにする」という施業は林業とは言えません。

現在の里山林をよく見てみると、期せずして良質の木材が育まれている場合がたくさんあります。また低木の中に特用林産物や緑化樹木等として価値のある植物が混じっていることも少なくありません。

これらの逸材を活かすことができれば、伐採や更新、そして管理を黒字にする林業経営、つまり「林家」生活も夢ではないかも知れません。ただしこれまでの林業経営の指南書は、スギやヒノキ等の植栽をスタートとし、それを優良材にするためにどう育てるかという観点から構成されているものがほとんどであり、里山林の林業経営に関する解説書はありませんでした。

そこで本書は、育つのに任せておいたら高齢化してしまった里山林を、選択的な伐採によって経済的に価値ある空間に変えるという実践的な視点で構成してみました。

第一章では里山林のルーツである農用林とは何かを探り、第二章では高齢化した里山林を改良するには、何を伐り、何を残すべきかを考えます。そして第三章では、伐採後の林分の更新方法を、第四章ではややもすれば廃棄物となる伐採木を収入源に変える方法を検討します。さらに第五章では、林業経営には不可欠な特用林産物は何かを探し、第六章には、林業経営に必要な知識をあれこれ集めてみました。そして最終章では高齢里山林を実際に伐採した場合にどのような景観になるのかを紹介しています。

本書を開けば、大面積森林所有者しかできないと思われていた「林業」が、庭木程度でもそれを経営しようとする意志、つまり「やる気」さえあればりっぱに生業にできることに気づくと思います。さあ、里山林(庭木?)所有者の皆様! 今日から林家の意識を持って、お宝になる樹木探しを、そして美しい里山の再生を始めてみませんか!

平成二十八年十二月　**津布久　隆**

目次

第四章　伐採木を有価物に——廃棄物にしない方法

第五章　木材以外の収入源を探す——商品となる特用林産物いろいろ

第六章　収入を上げるために頭に入れておくべきことは何か

コラム一覧

第一章

里山林のルーツ
―農業や暮らしを支えた林

「里山」という言葉はすでに江戸時代からあったものの、その概念は漠然としたものでした。昭和40年代になって森林生態学者の四手井綱英氏が「里山は農用林である」と唱え、その概念が確立します。現代では農用林すなわち里山林は薪炭林だったと思われがちですが、中島道郎氏の「あすからの農用林経営」（1960）[52]等によれば、農用林は**表1-1**のように農業そして生活に欠くことのできない数々の役割を担っていたことが分かります。本章では現代の里山林のルーツである農用林とは何だったのかを探ってみます。

コラム

「里山と里山林」

昔の「里山」は、農業経営や農村での生活に役立つ「林」のみを指していました。それが昭和の終わり頃から、里山は林だけでなくその周辺の田畑等の「里地」を含むとの解釈が広がり、現代では農山村の集落、さらに山間部の広葉樹林も含めたランドスケープ(景色・風景)としてのSATOYAMAになりました。このため里山は必ずしも林だけではなくなったことから、里山の中の林を指す言葉として「里山林」ができたのです。つまり里山の生まれが江戸時代なのに対し、里山林は昭和の末期生まれの新語?なのです。

写真1-1　様々な樹種が混生する里山林

表1-1　農用林のタイプ

機　能	①	②	③
1　農業や自家の資源を得る林分	薪炭林	農業用材林	落葉採集林
2　副業的な収入を得る林分	特用樹木林	竹林	
3　屋敷や耕地を保安する林分	屋敷林	耕地防風林	
4　畜産用の飼料を得る林分	放牧林	採草地	

出典：中島道郎「あすからの農用林経営」（1960）[52]

第1節　農業や自家の資源を得る林分

① 薪炭林

電気やガス・石油が普及するまで、薪や炭は生活必需品でした。明治時代後半にはこの薪炭材が著しく不足し、都市近郊では枯れ木は無論のこと、幼齢木の下枝、極端な場合はその根まで採取せざるを得ないほど木材資源が枯渇しました。このため山村地域では、薪や炭を生産し販売する「生業」が発展します。そして農家は、生産性向上のために有用樹種の蓄積が少ない林分を、成長が早く刈り込みに強い樹種へと林相を盛んに改良しました。薪炭用の樹種というとクヌギやコナラだと思いがちですが、当時はそれだけではなく、カシ類、ツバキ、サカキ、モチノキ等の常緑樹、そしてシデ類、エゴノキ、ハンノキ類、ヤシャブシ、カンバ類等の落葉樹も推奨されていました。

コラム

「薪炭林は里山林ではない?!」

販売用の薪炭材のみを生産してきた林分は、まさしく林業が行われてきた林分であることから、農用に供されていません。このため厳密な解釈をすれば、農用林ではない、つまり里山林ではないことになります。しかし今の時代に薪炭林は里山林ではないと主張してもとうてい理解はされませんし、現代の放置里山林が、元々は林業用であったか農業用であったかを区分するのは困難であり、その必要性も感じられません。このことから、やや山間部であってもクヌギやコナラが多い林分であれば里山林と解するのが自然です。

② 農業用材林

農業を営むには、農具の柄、稲架用丸太材、柵材や足場丸太、そして家屋等の修築のための家作木等、いろいろな木材が必要です。当然ながらこれらは家の近くで入手できた方が便利であることから、屋敷周辺には多種多様な樹木が保育されました。これが農業用材林です。例えば大正時代に建てられた古民家の解体調査では、建物の本体部材には、マツ類、クリ、スギ、ヒノキ、ケヤキ等のほかに、今ではほとんど用いないコシアブラ、シデ類、ナラ類、ホオノキ、ネムノキ等も混じっていたことが分かりました。調査者は報告の中で「屋根材として使われているササから、小屋組みの細かい広葉樹材、建築構造を支える大径材に至るまで、民家はまさに、里山の雑木林そのものだった」としています。裏山の木より地球の裏側の木の方が安いなどと言われて久しい今日とは異なり、昔は身近にある資源を有効に活用する地産地消が当たり前だったのです。

当時の農業用材林は、上層は備蓄を兼ねたスギ、ヒノキ、マツ類、ケヤキなど、そして下層を薪炭に適すカシ類、ハンノキ類、ヤシャブシ類等で育成する多段林として管理されており、家の建て替えなどの際には高木を抜き伐りして供するのが常でした。現代では、マツ枯れで上層のマツ類が消失し、替わって下層木であったカシ類が上層木の仲間入りをしています。そして林床が暗くなるに伴い、ハンノキ等に替わって耐陰性が強いサカキやネザサが増えるという林相になり、風致景観の変化が起きています。

コラム

「柄つきか！」

私が就職してまもない昭和の末期の話です。仕事で植林用の唐鍬を金物店に注文した際に、無愛想な店主に「柄つきか！」と問われて？？？となりました。私は農具とは柄つきが当然だと思っていたので、質問の意味が分からなかったのです。

古き良き時代は、農具の柄とは自前で調達するもので、農業用材林からカシ類などを適度な太さで抜き伐りして、屋根裏や納屋などに備蓄しておき、金物屋からは金属部分だけを購入していたということを後で知りました。地域によっては今でも、「柄つきですか？」と聞いてくれる(嬉しい)金物屋さんが残っているのではないでしょうか。

③ 落葉採集林

化学肥料が開発されるまでは、落葉なくして農業は成り立たず、当時は薪炭林や用材林、防風林などは箒で掃いたように過度の落葉採集が慣行されていました。このため林分の地力低下が各地で問題になり、木材生産とは別に落葉採集専用林の確保が全国的に指導されていました。その推奨樹種は、①落葉広葉樹林で多量に落葉を生産し得るもの、②葉質が分解しやすいもの、③萌芽力の強いもの、④諸害に対する抵抗力の強いもの、⑤成長が早く、なおかつ造林しやすいもの、⑥材の利用価値が比較的高い樹種でした。例えば主林木としてハンノキ類、サクラ類、ナラ類等。そして副林木にはヤシャブシ、カエデ類、ニレ類、シデ類、エノキ等、そして下木としてタマアジサイ、ニワトコ、マユミ、ガマズミ、ヤナギ類等です。

現在の里山林の主要樹種だけでなく、ハンノキやヤシャブシが含まれていることからも、当時は落葉を採るためにとにかくその地で早く育つことが求められていたようです。そして主林木、副林木、下木と分類されていることから、限られた面積を有効に活用し、樹種を違えた多段林にするのが一般的だったことが窺えます。面白いことに推奨樹種の中にマツ類やクリが含まれていませんが、おそらく松葉は広葉樹より腐食に時間がかかる

写真1-2　屋敷裏の薪炭林

写真1-3　農業用材林

写真1-4　落葉採集林

ので、堆肥より燃料に向いていたため、そしてクリはあのチクチクするイガが敬遠されたのではないでしょうか。

第2節 副業的な収入を得る林分

① 特用樹木林

江戸時代には農民の収入源として茶・桑・楮（コウゾ）・漆の「四木」の生産が強く振興されました。当時これらの特用樹木林は、無計画に点々と育てられていたわけではなく、畦畔（けいはん）や山地の裾野など耕作地の一部に、小集団的に管理されるのが常であり、個々の農家毎というより、集落全体での栽培、言うなれば産地化することで、生産効率を高めていた地域が多かったようです。残念ながらこれら特用林産物生産は、茶を除き大きく衰退してしまいましたが、これらの復興は今後の里山林経営に極めて重要と言えます。この特用樹木林については第五章でさらに詳しく触れます。

② 竹林

マダケやモウソウチクなどの竹類は、竹材やタケノコ、さらに竹皮の生産などのために、昭和の中期までは農家には欠くことのできない貴重な資源でした。このためこれらは例えば屋敷周りや裏山の緩斜面の日当たりの良い一等地等に植えられ、落葉の持ち出し禁止や肥培など、手厚く保護・育成が図られたのです。先人の方々が苦労して増やしてきたこの竹類は、人家を覆い、一等地だけに留まらず急斜面さらには尾根にまで拡大し、他の樹種を制圧し続け、今ではすっかり嫌われ者になっています。しかし、僅かながら竹材の需要は続いていますし、竹炭や竹チップなどの用途も拡がりつつあります。さらに何と言っても生育旺盛な植物なので、この特徴を活かせれば有望なバイオマス資源になります。

写真1-5　管理された竹林

第3節 屋敷や耕地を保安する林分

① 屋敷林

屋敷林は、防風・防塵・防潮・防煙・防雪などの効用、また気候の緩和調節にも役立ち、住宅・村落の風致を構成してきました。また下草・落葉は肥料に、下枝・落枝は燃料に、間伐木は農用小丸太にされた他、高木は択伐して非常用に供されるなどその役割は極めて多岐に渡ります。この屋敷林を大まかに区分すると、

①生垣を含む外園林
②自家用材備林
③果樹を含む庭園樹木

の3つに分かれます。

関東地方の場合、外園林は上木をケヤキ・スギ・ヒノキ、下木にはカシ・シイ類、さらにヒサカキやマサキ等で仕立て、この北側にナラ類やタケ類を加えた用材備林を、南側にはカキ、ウメ、ユズ等の庭園樹木を配置するのが一般的です。そして北日本の屋敷林にはこれらの他にヤチダモやトネリコが、西日本ではクスノキ、ムクノキ、イヌマキ等が加わることが多くなります。このように庭木や垣根も農用林つまり里山林の一部であるということは、多くの方々が家庭菜園ならぬ家庭「樹」園を持つ「林家」だと言えます。

コラム

「屋敷林文化」

全国的に広く見られる、自然樹形のスギをほぼ1列に植えて、その内側にケヤキなどの広葉樹を配する生け垣は「垣入(カイニョ)」と呼ばれ、関東ではスギの代わりにヒノキ、東北ではサワラを用いることがあります。また東日本大震災で津波被害を軽減し、その保安効果が注目された高木性樹種混合型が「イグネ」です。そして太平洋側にはイヌマキが軒端まで伸びる「マキ垣」が多く、青森等ではイヌマキの代わりにイチイが、関東平野ではシラカシが植えられています。特に上州の空っ風に耐える群馬県近辺の屋敷林は「樫ぐね」と呼ばれますし、出雲地方にはクロマツが家屋を取り囲む「築地松(ツイジマツ)」があるなど、屋敷林はその地方特有の木々による文化が形成されてきました。

この屋敷林は、昔は樹木が成長すれば伐採して有効活用または換金される「財産」でした。しかし、これまで資源の価値の下落により、木材とは逆にその管理にはお金がかかるようになってしまい、維持費の少ないフェンスへの改築や他用途に転用

されてしまうことが多くなっています。わが国の貴重な屋敷林文化は危機的な状況なのです。

コラム

「平地でも山?」

裏山や背戸山という言葉があります。この「山」は平野部では特に起伏がなく平坦である場合が少なくありません。それなのにどうしてヤマと呼ばれるようになったのでしょう。昔は屋敷の周囲には樹木がほとんどありませんでした。農民は遠方の実際の山仕事に行った帰りに、そこに自生する様々な木々の中から、「これが我が家の近くに生えていれば便利だ」と思う稚樹や実生、種等を持ち帰ったのです。そしてそれを屋敷の周りで育てることで屋敷林や屋敷森(背戸山)を造成しました。このため農家にとってこの林は、必要となる木々で構成された「ヤマ」なのです。

コラム

「鎮守の森はいつまで鎮守すべきか」

市街地のみどりのオアシスとして重要な役割を担い、巨樹巨木の宝庫でもある社寺林は、古くから伐採がタブー視されたために、一般の屋敷林より高齢大径化そして常緑広葉樹への遷移が顕著です。現在は遷移にゆだねた「鎮守」的な管理がほとんどですが、社寺林の多くは人工的に造られてきた林であることからすれば、理想となる最終形の林相を思い描くべきではないでしょうか。後世にどのような形で伝えれば良いのかを考え、現段階でそのための手入れを始めれば、将来は一味違った鎮守の森になっているはずです。

② 耕地防風林

昨今では風が強くて耕作ができないなどという話はあまり聞きませんが、一昔前までは耕作をするためには、まず防風林の造成から始めなくてはならない地域がたくさんありました。この耕地防風林に適す樹種の特徴としては、

①その地方の気候・土壌に適していること
②成長が早いこと
③耐風性が強いこと
④深根であること
⑤病害虫に強いこと
⑥枝が枯れ上がりにくいこと

等が求められていました。

防風林の防風効果は、一般的に風下は樹高の約30倍程度にまで及ぶとされ、樹高は高ければ高いほど、その効果が増します。ただし、樹高が高くなるにつれ日陰は大きくなり、強風による倒伏の危険性も高まることから、防風林でもと言うより防風林だからこそ、計画的に伐採し更新させてきました。

その更新の周期は、マツ類やスギ等は50~１００年、ケヤキの場合でも１５０年だったようです。そして林分の形状が横に長い場合には、風上と風下に二分

写真1-6　水田に浮かぶ屋敷林

写真1-7　上州の空っ風に耐える群馬県近辺の屋敷林は「樫ぐね」と呼ばれる

し、まず風下部分を伐採してこれが更新されてから、その風上部分を伐採するなどの工夫もあったようです。

抜き伐りによって複層林に、また頻繁な搾取によって疎植に仕立てられることが多かったのですが、このことは「壁のように樹木を密植させるよりも、風が抜けるようにした方が防風の効果が高まる」ことを見据えた、理にかなった管理法であり、先人の知恵には脱帽するばかりです。

除間伐や下枝払いなどの管理が不足した現在の防風林は、「耕地」防風林ではなく「放置」防風林とも言える状態で、その機能の低下が懸念されています。今後はしっかりと管理し、脱帽されるような先人になりたいものです。なお、土質がサラサラな地方では、小さな防風林とも呼ぶべき、低木性の矮林(わいりん)防風林や防風垣等が積極的に造成され、地域によってこれらは「はさがけ」としても機能していました。防風垣はツバキやマサキ、ウツギそしてチャなどが多く、ハンノキやトネリコ、ヤナギ類などで造成されることもあるようです。

コラム

「防風林の履歴書」

私が住む栃木県北部は那須連山からの「那須おろし」が強いことから、昔から随所に防風林が造成されています。平成26年にこの防風林の一部を抜き伐りする機会があったので、樹種毎の樹齢を調べたところ、一斉林のようでもスギは約90年生、コナラが80年生、そしてアカマツは50～60年生と様々で、現在の林相に至るまでの経緯はかなり複雑だったことが分かりました(**表1-2**　防風林履歴の一例)。そして古い文献から当地が開拓された百数十年前は、最初にアカマツを植え、それが定着した後にスギを植栽して2段林にしたことが分かりました。そこでこれらを基に、この林分が現在のような林相になった過程を推測してみます。

明治時代の先人達は開墾した痩せ地に、まずは最初にアカマツを植えました。次にこの初代アカマツが成長すると下層にスギを植えます。このスギが生育した約10年後に今度は落葉採集用を兼ねてコナラを植栽したのです。そしてさらに20年後、つまり初代アカマツの下層であるスギが30年生、その後に植えたコナラが20年生になるころまでに、高木の一部は用材や薪用などとして伐採しました。これにより林冠が空き、地表にスペースが生まれるようになると、そこに上層のアカマツの実生が育ち始めます。

このようにして今から50年前のこの林分は、高木層が70年生程度のアカマツ、亜高木層に40年生のスギや30年生コナラ、そして低木層には10年未満のアカマツの実生が生育する3段林が形成されていたはずです。上層に用材が備蓄され、中層で北風を防ぎ、中下層で薪炭材や落葉が採

写真1-8　耕地防風林

集できるという、当時はまさに理想の防風林だったことでしょう。

その後、上層のアカマツはマツ枯れによって消失し、下層にアズマネザサが侵入したので、現在は90年生のスギ、80年生コナラ、そして50～60年生のアカマツの林相になったのです。それにしても30年生アズマネザサというのは笑えませんね。

写真1-9　ウツギの防風垣

表1-2　防風林履歴の一例

	120年前	90年前	80年前	60年前	50年前	30年前	現在
林齢	1894	1924	1934	1954	1964	1984	2014
100～							(アカマツ消失)
90						アカマツ	スギ
80							コナラ
70					アカマツ		
60				アカマツ		スギ	アカマツ
50						コナラ	
40			アカマツ		スギ		
30		アカマツ		スギ	コナラ	アカマツ	アズマネザサ
20				コナラ			
10			スギ		アカマツ		
0	アカマツ	スギ	コナラ	アカマツ		アズマネザサ	

第4節 畜産用の飼料を得る林分

① 放牧林

昔は農家が家畜を飼育することはしごく当然のことで、「林内で家畜の飼養繁殖を図る林分であって、その林木は主として直接家畜の飼料を供給し、同時に多少の木材その他の林産物の生産を兼ねしめる」放牧林が随所に造成されていました。牛馬の育成には1頭当たり1ha以上の面積が必要と言われているので、当時は森林に占めるこの放牧林の割合はかなり高いものだったはずです。推奨されていた樹種は、上層はマツ類やコナラ等、その疎林の下にはアオキやガマズミ、マユミ、そしてウツギやムラサキシキブなどの灌木類でした。当時はとにかく木材資源が枯渇していたわけですから、農家はこの放牧林内に生育する樹木を、家畜の餌木にするのか、はたまた高木にするのか、薪炭材まで育てるのか常に判断に迫られていたことでしょう。

ちなみにこの放牧林は、放牧技術のみが要求される「林間放牧」と、それに加え育林や草地造成の技術が求められる「混牧林」に分けられ、前者は畜産業、後者が混農林業の分野だったようです。

② 樹林をともなう採草地

草本類は家畜の飼料はもとより農作物の肥料として非常に重要な役割を担うので、農業を営む上ではいかにしてこれをたくさん収穫するかが大きな課題の1つでした。中島道郎氏によれば、「採草地は単に草のみを栽培するより、採草地に庇蔭樹を植付けて庇蔭度を32%内外とした時、最も草の質と生産量を高めることができることが知られている。庇蔭樹として用いられる主な樹種は、ハンノキ・ヤシャブシ・ネムノキ・ナラ類・クヌギなどであり、その理想的な立木密度は200～300本／ha程度」とされています。

庇蔭度とは採草地に生える木の樹冠直下にできる影の面積割合ですので、日当たりが良すぎるより、ある程度樹木等の日陰があった方が草の成長が良いということのようです。また、庇蔭木の落葉は「養分の還元を図るために全部を採葉に供せず、草地に与えること。樹木が老衰した時は、択伐式に伐採してそれらを薪炭材その他に利用し、その切株からの萌芽を保育して後継樹を仕立てること」が推奨されていました。当時は自然力の最大限の活用が随所で実践されていたのです。

近代社会では品種や土壌の改良、そして肥料の発達等により、草地の生産量は

写真1-10　採草地に整備された庇蔭林

昔とは比較にならないほど増大し、樹木による庇蔭などは必要なくなりました。それどころか機械化が進むようになると、牧草管理の邪魔になる樹木は積極的に除去すべき対象になり、残念なことに牧草地と森林はきれいに分かれてしまったのです。ところが最近になって、シカやイノシシなどが出没する地域では、野生動物と田畑との緩衝帯造成のために荒廃林分にヤギやヒツジを放牧することが推奨されていますし、一部地域で自然に生える郷土種を餌にした林間放牧が行われ始めるなど、放牧林の管理技術が再び脚光を浴びつつあるようです。

第二章

高齢里山林は、何を伐り、何を残せば良いか

高齢になった里山林の更新を図る際には、まず伐採する林分を今後どのように管理していくかを決める必要があります。その管理の方法は、大きく分けて次の「高林」「低林」、そしてそれらの複合型である「中林」の3つのタイプがあります。

第1節　森林施業の3つのタイプ

① 高林施業

人工針葉樹林で最も普通に行われている高林施業は、大径で通直な材を生産する技術で、幹と樹冠の区分がはっきりとした木々が立ち並ぶ単純な林相になります。農用林時代であれば屋敷林や農業用材林の一部がこの施業になるだけで、あまり見られる施業ではなかったのですが、現代では、低木で管理されるべき林分が、伐採されず伸び放題になり、どこも高林（のよう）になっている現実があります。

拡大造林時代に全国で造成され、現在数十年生になりつつあるケヤキやサクラ類等の人工広葉樹林は、施業方法としては用材生産用の高林施業と思われるので、今後ももっと大径になるまで保育するべきなのですが、残念ながらこの類の造林地で良材がスクスクと育っている事例は希で、このまま高林を目指して良いのかと悩む林分が少なくありません。人工広葉樹がスギのように育たない原因の1つとして考えられるのは、多くの広葉樹は他種との混生を好むということで、特にクリやケヤキ、ホオノキ等を一斉の用材林にするのはかなり難しいようです。

② 低林施業

低林施業とは、高林と反対に樹高を低く仕立てるタイプの施業です。農用林はとにかく早く木材資源を収穫したかったので、薪炭林はもとより特用樹木林、落葉採集林などほとんどがこの低林施業でした。シイタケ原木生産が続いている一部の地域では、現在でもコナラやクヌギを萌芽によって更新させ、伐期20年以下、樹高は10m程度で伐採という施業が続いています。

もしも近くに製炭業者がいて、お手持ちの林分が過去にクヌギを主とした薪炭林だった場合は、炭材としての販売を見込んだクヌギの純林に仕立て直すことをお勧めします。ぜひ皆伐して7年程度を伐期とした低林施業を再開しましょう。また、クヌギよりもコナラが多い場合には、20年伐期のシイタケ原木林に改良すべきです。これら低林施業については、拙著「補助事業を活用した里山の広葉樹林管理マニュアル」（２００８）[44]を参考にしてください。

写真2-1　コナラ等高林

写真2-2　ケヤキ高林

写真2-3
低林施業は樹高10m程度で伐採する

写真2-4
20年伐期のシイタケ原木林

コラム

「10年後に採点されるテスト」

近頃は奥山にコナラやクヌギを植えるケースが多くなっています。生物多様性の面からすればスギやヒノキだけでなく多種の広葉樹が増えることは喜ばしいのかも知れませんが、林業的に考えると疑問符がつくケースもあります。現代の長伐期が当たり前の林業では、植栽樹種の選択の良否を自らが見届けることは希であり、例えるなら「50年後に採点されるテスト」を受けているようなものです。しかし、コナラやクヌギを植えるのであれば、それらは短伐期の低林施業でこそその良さが生きるのですから、その採点は10年以内に行われると言えるでしょう。昭和の後半からクヌギ等を植林してきた一部地域では、すでに造林木の高齢化が問題になり始めています。ほぼ全国の市町村森林整備計画でクヌギやコナラの「標準的な伐期」は20年生程度になっているはずですので、その時期をはるかに過ぎてもそれら人工林がそのまま放置されることがないように、その活用法の検討を急ぐべきです。また将来、低林施業が望めない地域であれば、今後植栽する樹種はコナラやクヌギではなく、より寿命の長いミズナラやサクラ類等の用材樹種にし、その活用法は後世にゆだねた方が賢明ではないでしょうか。

③ 中林施業

昭和30年代頃までは上層を用材用のアカマツ林、下層は薪炭林等とする施業が各地で行われていました。この高林と低林の複合型が中林施業です。

戦後の造林学の教科書である藤島信太郎氏の「実践造林学講義」（１９５６）[64]によれば、この施業は、「①作業の方法はやや複雑で、伐木に当たって多少損傷木を生ずる。②上木の形質は高木に比しては不良である。また下木の生長は幾分緩慢である」などの短所はあるものの、「①用材種の混生比較的多き場合、これを単なる萌芽林とすることなく、用材の生産をも兼ねるためには適当な作業種である。②林地養護の力は矮林（わいりん）または皆伐に比して大である。③高林に比して林業資本が少なく、小企業者でも経営することができる。④矮林に比しては審美的の価値が高い。」と多くの長所をあげ、「優良種の実生樹が増加し始めたるものの如きは、多くは当分中林作業によって作業するを適切とするものである。」としています。なお、審美的とはつまり「美学」であり、当時の森林美学は、現代の森林風致学に生き続けています。

この中林施業であれば、うっそうとした林分をあたかも散髪したかのようにさっぱりと美しくできますし、上木にはスギやマツ類だけでなく、ケヤキやクリ、ホオノキ等の広葉樹も用材用として育成することができます。このことから現代の里山林においては、強度な抜き伐りに

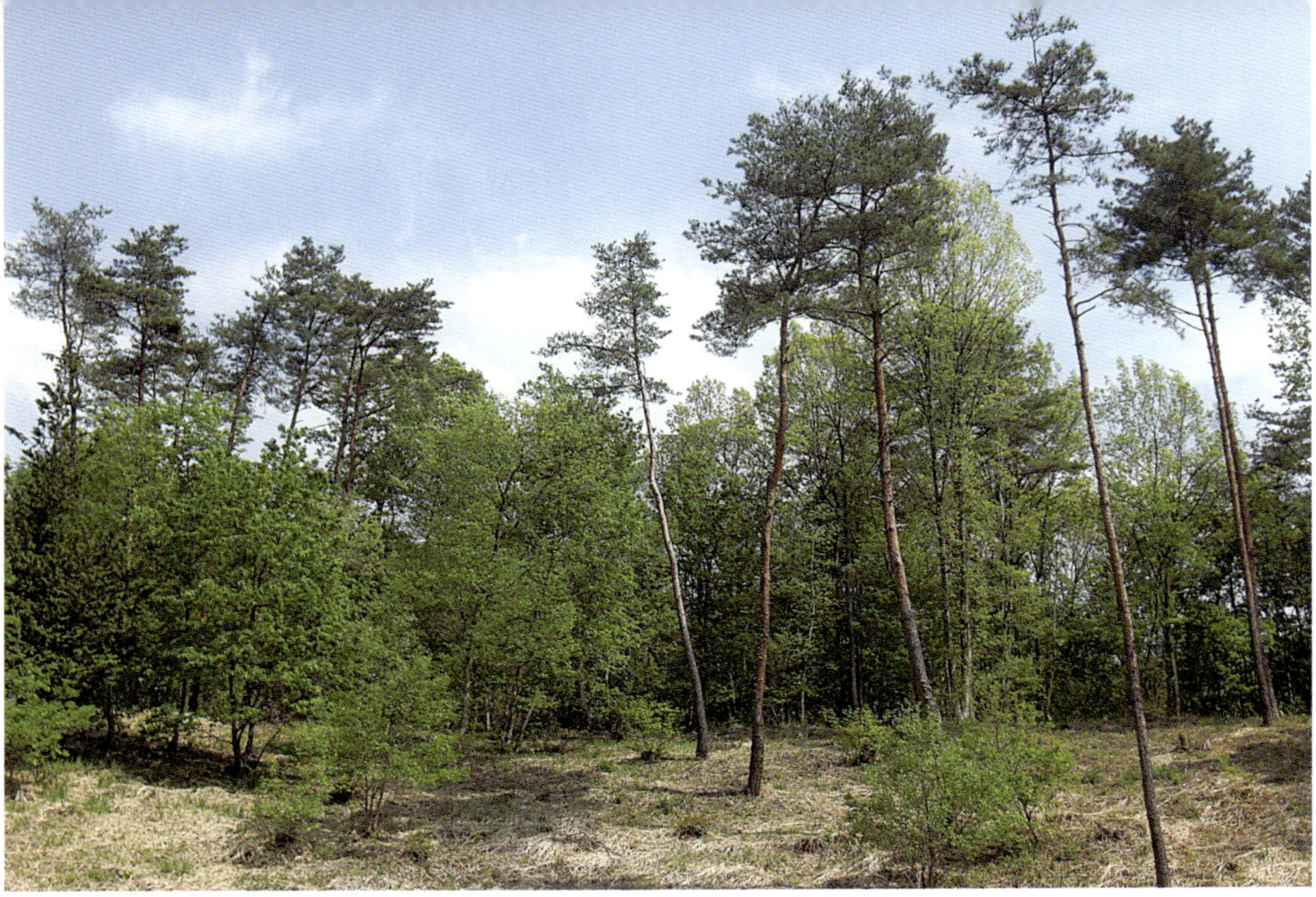

写真2-5　アカマツ―コナラの中林

よって、上層は中長伐期の有用高木、下層は伐期の短い樹種を育成するという中林を復活させるのが最も賢い選択だと思います。

通常の中林は二段の複層林になります。スギ―スギのような同一樹種の複層林は、上層を伐採する際に下層木が損傷してしまうという欠点がありましたが、樹種を違えた広葉樹の複層林であれば、例えば**図2-1**のように、上層の伐期を下層の伐期の整数倍に、つまり下層の伐期が15年サイクルの場合、上層の伐期もそれに合わせ15年後、30年後、さらには45年後等の伐期になるように設定し、上層の伐採に合わせて下層も収穫するなど、上層と下層の伐期サイクルを調整できるので、下層のダメージを防ぐことができます。

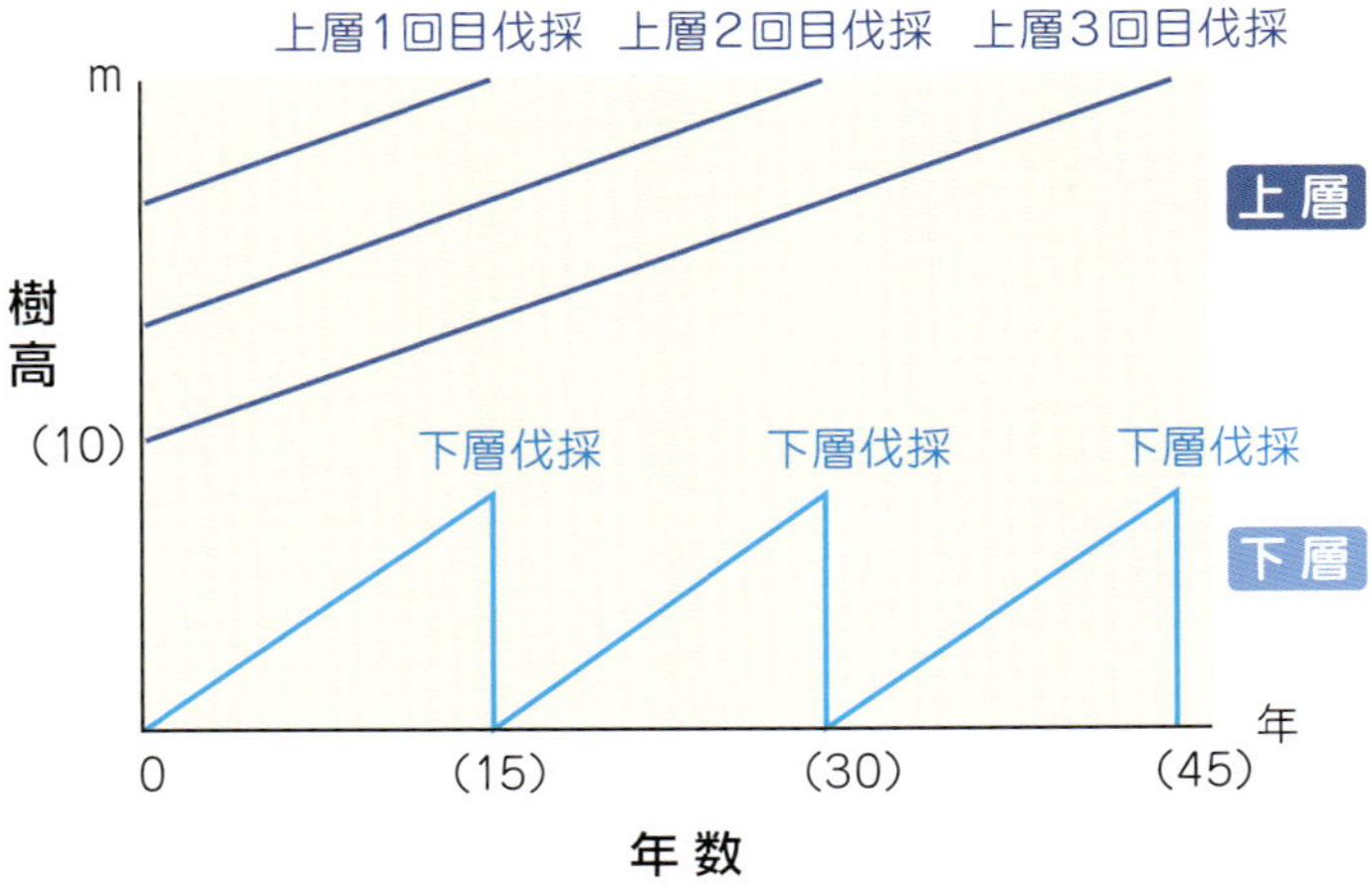

図2-1　中林施業の伐採サイクル模式図

第2節 中林への改良手順

中林への改良は、次の手順で行います。

①刈り払い
②施業方針の決定
③マーキング
④伐採
⑤更新補助

① 刈り払い

その林分にどのような樹種が生育しているのかを把握するために、林床がアズマネザサなどで覆われている場合は、まず刈り払いを行い、見通しを良くします（**写真2－6**）。

② 施業方針の決定

林分の樹種構成が把握できたら、皆伐するのであれば不要ですが、抜き伐りであれば何を伐り、何を残すかを決めることになります。後で述べる選木基準等を参考に、しっかりと時間をかけて行いましょう。

③ マーキング

残すべき木々が決まったなら、幹に「この木は伐るな」のテープを巻きます。通常の間伐では伐採木にマークをしますが、強度な抜き伐りでは、残存木にマーキングした方が作業は少なくて済むのです。そして施業後にそのテープをはずせば、その数で林分の残存本数が分かるという利点もあります（**写真2－7**）。

④ 伐採

小径木であれば、一般の方でもチェーンソーもしくはノコギリを用いて何とか伐り倒すことはできても、重心が偏っていたり、伐倒方向が制約される場合には、ロープによるコントロールなど安全を確保する方法が必要となります。**写真2－8**のようなグラップルで樹幹を保持した伐倒で安全を確保するのも一例です。

また、伐倒した後も大径木を人力で動かすのはとても大変です。このことから大径になった木の伐採は、作業の安全性も考慮し、その技術や大型機械を持つ「プロ」に任せた方が無難です。

⑤ 更新補助

これに対し、伐採後の更新補助作業は、一般の方々が週末に行うだけでも十分な作業が少なくありません。上層で将来の高級材を育てながら、下層では明日の晩酌代を稼ぐという、「自伐」ならぬ「自手入れ」林家の楽しみ方は次章でご説明します。

写真 2-6　①刈り払い

刈り払いにより、林分にどのような樹種が生育しているのかを把握する

写真 2-7　③マーキング

残すべき木々の幹に「この木は伐るな」のテープを巻く

写真 2-8　④伐採

グラップルで樹幹を保持し、伐倒方向をコントロールする方法

第3節 抜き伐りにおける選木基準

多くの里山林は複数の樹種が混生しています。例えば関東地方近辺の里山林では**写真2-9**のようにアカマツ、コナラ、アカシデ、ヤマザクラ等の高木が並んでいる林分をよく目にします。この林分を強度に抜き伐る場合、何を伐り何を残すべきでしょうか。

① 樹種

まず伐るべき樹種を考えてみましょう。4種のうちコナラは大径にするメリットがないので、真っ先に伐ります。アカマツはマツ枯れのリスクがあります。アカシデは一般的には用材にはなりません。これらに対し、ヤマザクラは大径材の方が価値の高まる用材樹種です。よって、このような林分では多少樹型が悪くてもヤマザクラを残す山づくりをすべきだと思います。

② 樹型

次に樹型等の要素を踏まえた選木の基準を考えます。現代の選木基準は、そのほとんどがスギやヒノキの優良材生産が念頭に置かれており、多種が混生する里山林にマッチする基準は皆無と言えます。そこで、昭和20年代に近藤助氏の「広葉樹用材林作業」（1951）[27]において提案された用材生産向けの選木基準を、高齢大径木の除去や、有用樹の更新のための選木基準にアレンジさせていただきました。まず、当時推奨されていたのは34頁の**表2-1**の基準です。なお、**図2-2**は山内倭文夫氏の「実用育林要説」（1957）[67]を参考にしています。

この基準で優良木を育成するには、例えば4本中の1本を伐るような弱度の間伐を何回か繰り返す施業になります。**図2-2**の林分をこの通常の伐採率（約3割）で間伐した場合、要伐採木Bと有用副木C′が除去されるので、**図2-3**のようになります。一見さっぱりしましたが、これではすぐに林冠がうっぺいしてしまい、おそらく5年後には再び抜き伐りが必要になるでしょう。またこの程度の林内照度では、萌芽や下種更新を期待することはできません。今の里山林はとにかく若返りを最優先させるべきなので、今後育つであろう実生や稚樹たちにより良い環境を整える必要があります。さらに「収穫」するのでしたら、なるべく出材量を確保し、販売収入を多くしたいものです。

そこで伐採率を通常の2倍の約6割にまで引き上げてみましょう。**図2-4**のように主木Aと有用副木Cだけになり、もはや除伐や間伐ではなく、択伐さらに

写真2-9
多樹種が混生する林分。まず伐るべき樹種を決めていく景観

写真2-10　強度な抜き伐り後の景観

写真2-11
有用な主林木（ホオノキ）を副木が守る

は立て木施業に近くなります。これまでの林業からすればかなり強引であり、ご批判があることは十分承知していますが、現代の里山林にはこれくらいの思い切った荒療治が必要だと思います。おそらく数年後には図2-5のようになるはずです。なお、この強度な抜き伐りを行ったいくつかの事例は第七章で紹介します。

表 2-1　抜き伐りにおける選木基準

名称	記号	評価
主　木	A	形質・樹冠が良好で主伐時期まで残す木
	A′	将来の林木配置上、Aに準じて残す木
要伐採木	B	主木の成長に支障を来すため、除去する木
有用副木	C	主木の幹を保護するとともに、枝下高を大にするために必要な木
	C′	Cの一部だが、必要の程度は微弱な木
中立木	D	さしあたり主木の成長に支障はないが、将来的には伐採する木

出典：近藤助「広葉樹用材林作業」（1951）27）

抜き伐り施業—間伐率による比較

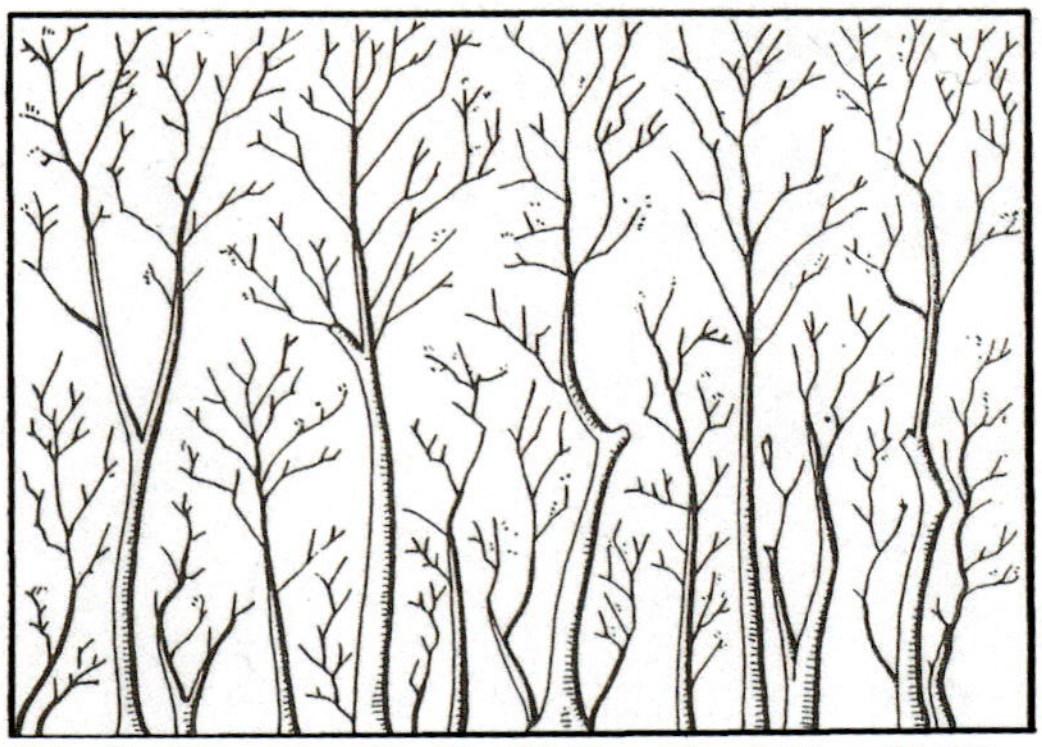

C′ D C′ C A′ C C′ B C AC BC′

図 2-2　伐採前

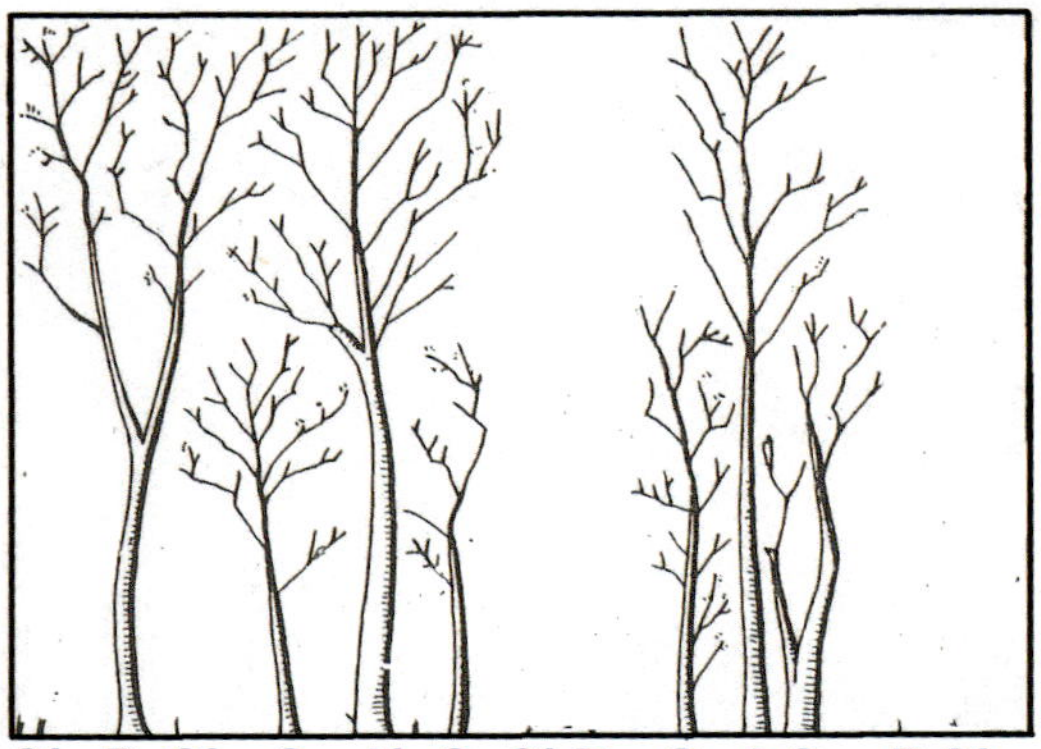

C′ D C′ C A′ C C′ B C AC BC′

図 2-3　通常の抜き伐り

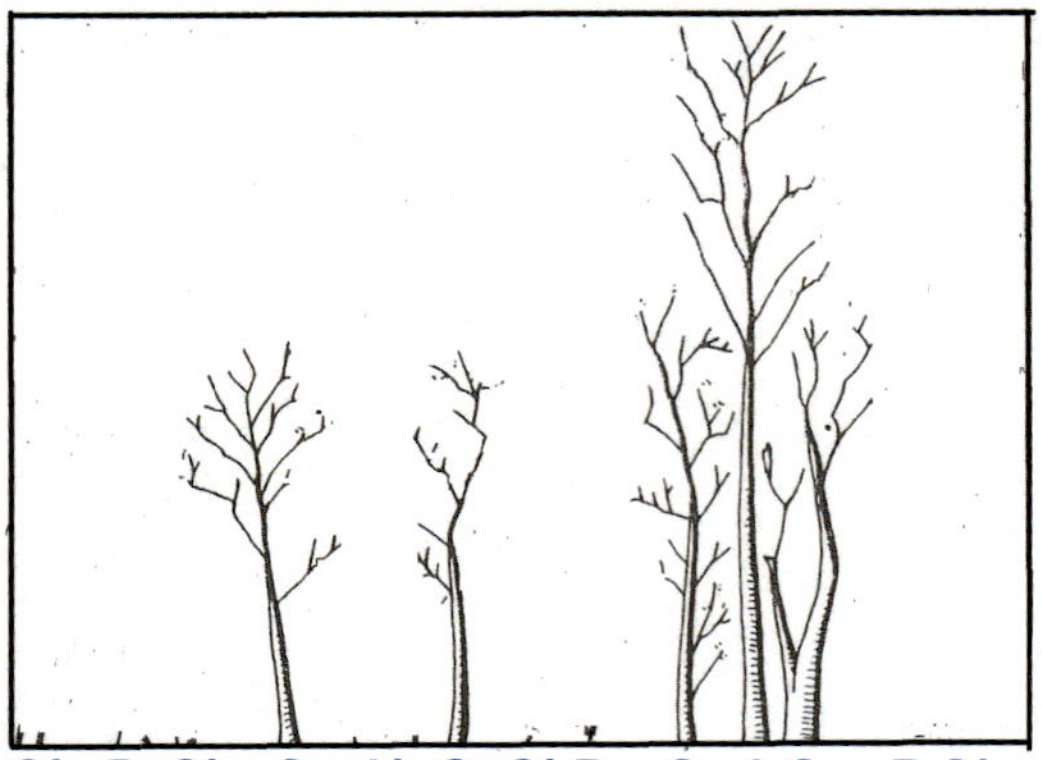

C′ D C′ C A′ C C′ B C AC BC′

図 2-4　強度な抜き伐り

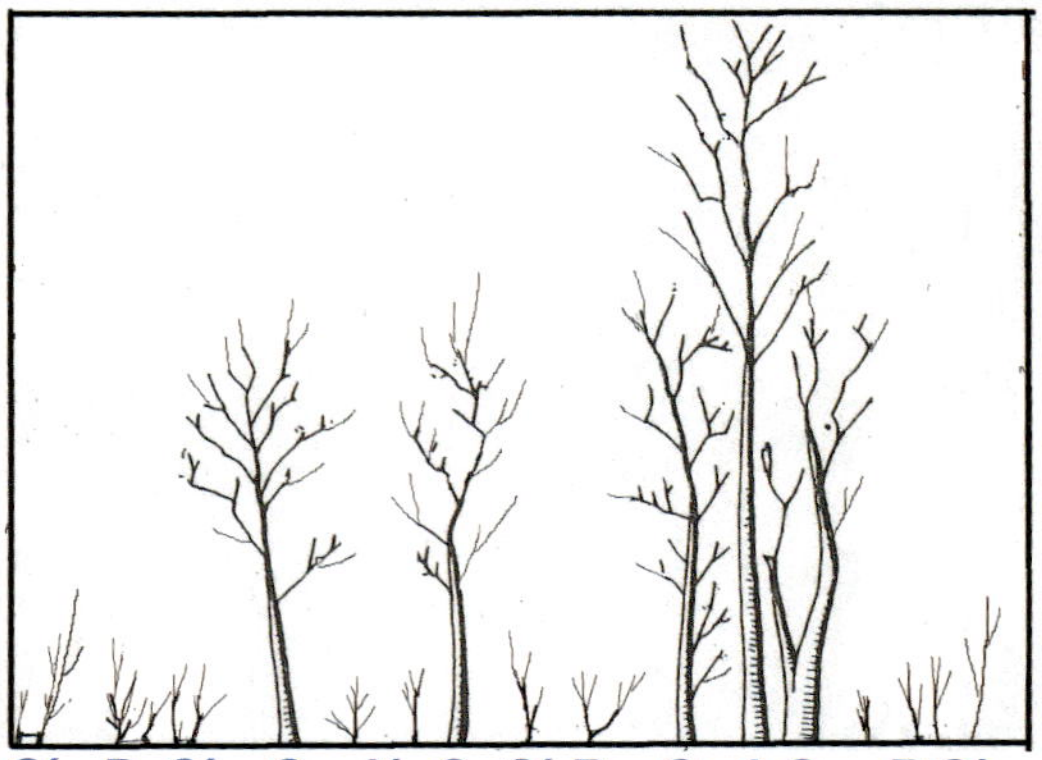

C′ D C′ C A′ C C′ B C AC BC′

図 2-5　強度抜き伐り数年後

第三章

伐った後は、どのように更新させれば良いか

第1節　更新補助作業

天然更新を期待する林分であっても、有用樹の優占率を高めるためには、すべてを天然に任せるのではなく、更新補助作業という「人によるお節介」が必要になります。そしてこのお節介には、

①地拵え
②掻き起こし
③補植
④下刈り（刈り出し）

等があります。

① 地拵え

地拵えは、伐採後に林内に残る枝葉などの残材を集積して地表を露出させることで、円滑な下種更新を補佐する作業です。燃料革命以前は、林内に残る枝葉は燃料や肥料用として収穫されており、林地残材などという贅沢品はなかったはずなので、この作業の歴史は、まだ60年程度かも知れません。なお、集積した枝条は5年程度で朽ち果てます。

コラム

「マツ枯れ対策作業」

昔は落葉や枯れ木、さらに不用萌芽等は燃料や肥料にするために当然のこととして林外に持ち出されていました。そしてこれらの行為は、林分の更新や生物多様性の保全に欠くことができない役割を担っていたのです。特に枯れたマツの焼却は、マツクイムシ被害の拡大を防ぐのに最も効果的だったことから、その後マツクイムシ防除対策事業の「特別伐倒駆除」になりました。

コラム

「施肥」

昔は林内の落葉や落枝が過度に採集されたために、林地が貧栄養化し、施肥が必要になる地方がたくさんありました。現在でも市販されている「まるやま1号」などの林業用肥料はそのなごりです。昨今では採集されることがない落葉で富栄養化が進み、施肥とは反対に有機質の除去が望まれている林分が大半です。

② 掻き起こし

北海道など広大かつ平坦な林分の天然広葉樹林施業では、ブルドーザーなどの重機で地表に凹凸を付け、下種更新の効率を高める「掻き起こし」という作業を行うことがあります。以前はこの作業のためだけに重機を用意していましたが、今は伐採や集材の際にグラップル付きバックホウやフォワーダ等が用いられることが多いので、そのキャタピラによって作られる地表の凹凸が掻き起こしと同

更新補助作業①②　地拵え、掻き起こし

写真3-1
地拵え前

写真3-2
地拵え作業を行った後

写真3-3
重機による掻き起こし効果。
キャタピラによって作られる
地表の凹凸が掻き起こしと
同様の効果を上げている

様の効果をあげています（**37頁、写真３－３**）。さらに、ナラ類のドングリたちは、地中に潜るまで踏みつけてもらうことを望んでいるはずです。

③ 補植・植栽

更新が不良な場合、またほぼ順調でも何らかの原因で欠株ができた場合には補植を行います。苗木を購入する際は、山林用に大量に必要なのであれば山行き苗（根ばたき苗）と呼ばれる裸苗を森林組合等を通じて取り寄せることになります。また、少量の場合はカップで根が保護されたポット苗になります。いずれの場合も大きめの苗にすべきで、特に山行き苗の場合は植える前に断根と断幹ができるような大型の苗を選ぶべきです。なお価格はコナラ等の山行き苗であれば１本１００～２００円。ポット苗は品質や購入先によりかなり差があるものの、１本５００円程度が多いようです。

これに対し、植えたい樹種をあらかじめ自らで育成しておくのもお勧めです。特にドングリで増える樹種は、プランター等で意外と簡単に育成することができます。また屋敷林を造成した時代がそうであったように、お好みの稚樹を見つけた際には、いつでも補植できるように屋敷の片隅などに仮植しておいたり、林内に高密度で天然下種更新している箇所があったら、そこから一部を堀取って移植するなどの自家調達も良いでしょう。

なお、広葉樹の新植苗は、植栽前に葉をむしり取ったり、膝程度の高さで主幹を切断して、生長点とも言うべき苗の上部を除去するという信じられない状態にしてから植えられることがよくあります。これは主に葉からの蒸散を防ぎ、乾燥しすぎないようにするための技術です。

また、針葉樹の苗は１本ずつ植えるのが常ですが、薪炭材を育成する広葉樹の場合は、複数をまとめて植える「束植え」という方法を取ることもあります。この植え方は互いに支え合わせて倒れるのを防ぐ株立ちを作り目立たせることで下刈り時の誤伐を避けるなどの利点があります。この方法であれば、植え穴１個に３本程度の苗を植えられます。

コラム

「適地適木」

その土地に合わない植物がうまく育たないのは自然の摂理であり、里山林でも適地適木、適地適作が極めて重要であることは言うまでもありません。私たち日本人はどのような条件下でも何とか適応してくれる「スギ」というすばらしい樹種が身近にあるので、どんな樹種でも植えておけばそのうち成林すると誤解しがちですが、植物の多くはそう簡単には育ってくれません。里山林の林業経営は、人の思惑通りに植物をコントロールするのではなく、それらが適地で勝手に成長することによる恩恵を収入に換えるという自然体が必要です。

更新補助作業③　補植・植栽―1

写真3-4

断根・断幹した裸苗木。山行き苗の場合は植える前に断根と断幹ができるような大型の苗を選ぶこと

写真3-5

こちらはポット苗。品質や購入先によりかなり差があるものの、1本500円程度が多い

写真3-6

苗木の自家育成もお勧めしたい。林内に高密度で天然下種更新している箇所があったら、そこから一部を堀取って移植する

写真3-7

コナラの自家育苗。ドングリから育てた苗を仮植えしている状況

更新補助作業③　補植・植栽－2

写真3-8
コナラの束植え。植え穴1個に３本の苗を植えている

写真3-9
苗木の切りつめ。ナタで梢頭と徒長した根をスパッと切り落とす

写真3-10
ボランティアによる苗木の植樹作業

④ 下刈り・刈り出し

　現代では川に洗濯に行くおばあさんがいなくなったように、おじいさんも山に柴刈りには行きません。このため温暖湿潤なわが国では、放っておくと下草や灌木類が伸び放題になるので、有用樹の苗を円滑に育成させるためには、下刈りがとても重要な作業になります。

　この下刈りは、下草もさほど繁茂しない伐採後1年目は省略が可能ですが、2年目以降は最低でも年に1回、状況によっては2回以上必要で、苗が下草の背丈を上回る5～8年生程度になるまで行います。夏の炎天下で行うことになるので、熱中症にならないように早朝に行うなどの工夫をしましょう。なおササ類やイチゴ類などの多年性植物は冬期には次年度に伸長するための養分を基部に蓄えていますので、冬期にこれにダメージを与えておけば、春以降の下刈り作業をある程度軽減できます。

　また広葉樹の下刈りは誤伐が付きものですが、コナラやクヌギには故意に主幹を切断する「台伐り」という施業があるように、一度や二度誤伐しても枯死することはなく、再度伸長してくれます。このことから下刈りは強めに行っても心配無用です。ただし、シカが生息する地域での潔癖な下刈りは、彼らに食料の在処を教えてしまうことになるので、手間はかかりますが有用稚樹の周囲だけを刈り払う「坪刈り」の方が良さそうです。

　刈り出しは、何を残して何を除去するのかを考えながら行う必要があり、手鎌であればまだしも、草刈機（刈払機）でこれを行うとなると、作業というより「修行」に近くなってしまいます。このことから、残す稚樹には事前に目印を付ける必要があります。このマーキングは特別な技術や道具は不用で、初歩の森林ボランティアさんでも十分に行うことができます。ただし、残すべき植物をあまり複雑にしすぎると、このマーキング作業自体が修行になってしまいますので、マークするのは主要な数種に留めるべきでしょう。なお稚樹に付けるテープは、ピンク色が最も目立ちます。またその後の生育に支障を与えないように、テープは主幹ではなく努めて側枝に付けるようにします。

コラム

「下刈り・刈り出し・下草刈り・柴刈り」

　下刈りと刈り出しは作業内容自体は変わりませんが、下刈りが植えた苗以外の草本等を刈るという、主に造林地で行う作業なのに対し、刈り出しは天然更新林分などで草本等の中から有用樹の実生等を救い出す作業です。また下草刈りは下刈りが不要になった若齢～壮齢林内の下草の刈り払いを指し、主に景観美化やその後の作業の円滑化等を目的とします。そして灌木が燃料等として使われていた時代に行われていた柴刈りは、除去ではなく収穫を目的とする作業でした。なお現代では多くの紳士・淑女達がゴルフ場で「芝刈り」に汗を流しているようです。

更新補助作業④　下刈り・刈り出し

写真 3-11

誤伐された後に元気に伸長した萌芽

写真 3-12

有用稚樹へのマーキング。稚樹に付けるテープは、ピンク色が最も目立つ。その後の生育に支障を与えないように、テープは主幹ではなく努めて側枝に付けるようにする

第2節 天然更新完了基準

天然更新にはブナのように天然に成林することを期待する「天然生林」型と、ナラ類のように、天然更新を促した後に天然更新補助作業によって成林させる「育成林」型があります。前者は実生や補植苗の密度が高ければ高いほど成林の可能性は高まり、10万本／ha以上の高密度が望ましく、その密度であっても、将来その樹種が成林すると保証されたわけではないことが知られています。これに対し後者は、人工造林の密度と同様に3000～4000本／ha程度とする場合が多く、さらに数年後に断幹処理して複幹に仕立てれば、幹の数は苗数の2倍以上にすることもできるので、手入れが入念にできる場合、実生の本数は2000本／ha程度でも成林の可能性はあります。このように、天然更新は天然型を期待するのか、育成型にしていくのかによって、その完了基準は大きく変わると言うことができます。

天然更新のための補助事業を活用した林分は、伐採後一定期間内に各自治体が定める天然更新完了基準を満たす必要があります。この更新が完了したと判断する稚樹の密度やその高さ等の基準は自治体によってかなり異なり、例えばC県は0.3m以上の高木性樹種が5000本／ha以上なのに対し、S県では2m以上が1800本／ha以上としています。

林業関係者でも「雑木山は伐っても放っておけば、また山になる」と思いがちですが、これらの基準を満たすのはかなり厳しいと言え、特にS県ではある程度補植が必要になるでしょう。

この完了の判断は目視で行われることがあるので、「見た目」が重要になります。参考のために密度別の景観4例を示します。

天然更新施業の密度別景観の例 44～45頁の写真①～④

おそらく①の50㎝が2000本／haでは、補植が必要になるかも知れませんが、③や④は無論のこと、②の100㎝以上が3000本／ha程度以上でも多くの自治体が更新完了と見なすことでしょう。なお更新完了の判断は伐採5年後に行われるので、萌芽整理や除伐などの淘汰的な作業はそれ以降に実施した方が賢明なようです。

①50㎝の稚樹が2,000本/ha以上

写真3-13　伐採直後（2010.1.16）

写真3-14　5年後　50㎝　2,000本（2014.11.2）

②100㎝の稚樹が3,000本/ha以上

写真3-15　伐採直後（2009.12.21）

写真3-16　5年後　100㎝　3,000本（2014.11.2）

③100㎝の稚樹が4,000本/ha以上

写真3-17　伐採直後（2010.1.16）

写真3-18　5年後　100㎝　4,000本（2014.11.3）

④100㎝の稚樹が5,000本/ha以上

写真3-19　伐採直後（2010.1.16）

写真3-20　5年後　100㎝　5,000本（2014.11.21）

コラム

「天然更新モデル林」

ＪＲ八王子駅から北に20分程度歩いた所にある都立小宮公園は、30年程前から公園内の里山林を小面積ずつ伐採し続けており、嬉しいことにその萌芽更新年度(伐採年度)が表示されています。

このため、絵に描いたような順調な遷移、例えば平成18年度に伐採した林分(**写真3-21**)では、伐採後9年が経過したことで、上層木候補が台頭し始めていますし、伐採後17年目の平成10年度の林分(**写真3-22**)になると上層がしっかりと形成されています。そして伐採27年後(Ｓ63)(**写真3-23**)は、おそらく昔であれば十分に伐期になっているであろうりっぱな里山林になっています。

これに対し、平成16年度に伐採し11年が経過した林分(**写真3-24**)には高木が見られず、さらに26年後(伐採Ｈ1)でも、全体がクズに覆われ、高木が乏しい林分(**写真3-25**)などを実際に見ることができます。

まさに「天然更新モデル林」であり、更新不良の原因は何か、おそらく下刈り等の更新補助作業が十分でなかったのではないか、などと思いをめぐらせていると時が経つのを忘れてしまうこと請け合いです。これから天然更新を始める方々にはとても参考になるすばらしい公園ですので、一度は足を運ぶことをお勧めします。

写真3-21　伐採９年後の林分（平成18年度に伐採・萌芽更新）

写真3-22　伐採17年後の林分（平成10年度に伐採・萌芽更新）

写真3-23　伐採27年後の林分（昭和63年度に伐採・萌芽更新）

写真3-24　失敗例（平成16年度に伐採　11年後）

写真3-25　失敗例（平成元年度に伐採　26年後）

第3節 保育作業

天然更新を期待する林分では、人工針葉樹林の主な保育作業である「間伐」、つまり不良木を間引くという作業はありません。そしてこれに代わり重要となるのが、不用木を除去する「①除伐」です。この他、ある意味では「間伐」とも呼べる、不用萌芽の淘汰である「②萌芽整理」、さらには「③台伐り」や「④落葉掻き」など、広葉樹には独特の保育作業があります。

① 除伐

昔はどんな樹木でも何らかの用途に活用していたので、不用な木々はありませんでした。つまり「除伐」の概念はなかったのです。現代では有用樹の優占率を高めるためには手間と経費をかけてこの除伐が必須です。

この作業は例えばシイタケ原木林に仕立てるのであれば、原木に使えない樹種をすべて伐り捨てれば良いので簡単です。ところが多種が混交する林分を多目的な林分に改良しようとすると、残した方が良いと思える木々が次から次へと現れ、とても頭を悩ますことになります。しかし、除伐の効果を高めるには、非情な精神を持って「迷ったら伐る」を貫きましょう(と言いつつも、これがなかなか難しいのですが)。

② 萌芽整理

萌芽整理は切株から伸長する多数の萌芽枝のうち、優良と思われる数本のみを残し、他を除去する作業です。燃料革命以前の里山林の施業は、優良材を作ろうとしてこの作業を行っていたのではなく、燃料用等に萌芽枝を採取していたら、結果として残された幹が優良材に生育したというのが実際のようです。そして当時は、株を弱めないようにしつつ最大限を収穫するという絶妙なバランスを保つ技術が培われていました。

今後の里山林においてもこの萌芽整理を行っていくべきで、伐採後3年から8年生頃までの間に複数回に分けて、シイタケ原木用のコナラは4～5本、クヌギは2～3本に、そして用材生産用樹種は1～2本に仕立てましょう(**写真3-26**)。

保育作業②　萌芽整理

写真3-26
萌芽整理して4本に仕立てたコナラ。切株から伸長する多数の萌芽枝のうち、優良と思われる数本のみを残し、ほかを除去した

写真3-27
萌芽整理により、見事な複幹に仕立てられたコナラ人工林

③ 台伐り（頭木更新）

クヌギやコナラは断幹して、梢端部を除去してしまうことがよくあります。これは広葉樹特有の「伐られたら育ち返す」特長を利用した台伐りという施業で、植えた苗が数年経っても発育不良な場合、もしくは収量の増加などを目的に単幹を複幹にする場合等に行います。通常は地際で伐りますが、中島道郎氏の「農用林経営の合理化」（１９５８）[51]には次のような記述もあります。

「上層木は地上2~3間のところで梢頭を切り去り、側枝も適当に切り詰めて頭木式または切枝式に保育し、数年ごとに枝条を切り取って薪・粗朶（そだ）などに利用し、かつ新条の萌芽を促して行くようにする。そして下層木が20~25年生位に達した時、上層木は伐採し、下層木の一部を前のように立て木として保残し、他は5年位の回帰年で大径木から順次択伐して薪炭材やシイタケ栽培のほだ木に利用するのである。」

頭木（とうぼく）、切枝（せっし）という聞き慣れない用語がでてきますので、少し説明します。

頭木式（**写真３-28**）とは、主幹を人の頭またはそれ以上の高さで伐った後に、その切断面から伸びる萌芽を活かして複幹に仕立てる方式で、近畿地方や山梨県等の一部地方に残る台場クヌギ（**写真３-29**、**写真３-30**）がこれに当たります。

この頭木の利点としては、下刈りが不要になることと、地表より光がよく当たるので萌芽枝の生長が良かったことが主だったようです。これに加え、土地の境界等の目印としてであったり、横枝が張るのを頭の上にすることで通行の支障になるのを防ぐ、また豪雪地では雪崩防止のための杭としてなどの目的もありました。そしてこれらにも増してさらに注目したいのが、萌芽の位置を高くすることでシカの食害を回避する目的もあったということです。まさに目から鱗の画期的な防除法ではないでしょうか。この頭木については**シカ対策**の項でも触れます。

なお切枝式とは、主幹を適度に成長させ、その幹から伸びる側枝や葉を定期的に採取できるように管理する方式で、大正時代には主に海苔粗朶用のケヤキがこの切枝式で管理されていたとされます。

④ 落葉掻き

森林では毎年たくさんの枯れ葉が地表に落ちてきます。これらは昔であれば貴重な資源でしたが、現在では有機農業が続くごく一部の地域を除き、多くの場合邪魔者になっています。しかし落葉掻きが行われている林分は、熊手を扱いやすいように採集の直前に林床の灌木類を刈り払うのが常であることから、すっきりとした美しい景観を保つことができます。またこれが不用樹種の侵入を妨げる効果もあるので、実生が目立つようになり、下種更新の管理がとても円滑になります。さらに、地面が露出することで菌類の発生が盛んになり「きのこ山」ができるなど良いことずくめです。

保育作業③　台伐り（頭木更新）

写真3-28

クヌギの頭木式。主幹を人の頭またはそれ以上の高さで伐った後に、その切断面から伸びる萌芽を活かして複幹に仕立てる方式

写真3-29

台場クヌギの例（滋賀県高島市）

写真3-30

台場クヌギの例（山梨県韮崎市）

近年ホームセンター等で安価な腐葉土が出回っていますが、この葉は何と中国等からの輸入であることが少なくありません。何とももったいない話で、落葉は今後ぜひとも国産国消を取り戻したい資源の筆頭だと言えます。

埼玉県の三富地域や、栃木県茂木町など一部の地域では、今でも落葉堆肥を中心とした有機農業が続けられています。このような農法を営んでいる方々は、落葉が採れなくなるとの理由で里山林の伐採には消極的なことが多いようです。そこでこれを解消する昔の知恵を紹介しましょう。

それは輪伐(りんばつ)という、林分をいくつかに分割して、定期的に順番に伐採していく方法です(**写真3-31**)。例えば落葉採集林を兼ねたシイタケ原木林であれば、15年程度のサイクルで伐期が訪れますので、林分を15等分して、毎年1区画ずつ更新、つまり伐採していけば、一定の収量が確保される「法正林」をつくることができるのです。そこまで細分化しなくても、例えば3分の1とか5分の1にして、数年毎に更新を図る方法もあります。

なお、高木がなくなると葉の収量が激減すると思われがちですが、落葉の量は林齢にさほど関係がなく1ha当たり概ね6t前後に落ち着くとの調査結果もあるので、幼齢期こそ収量は減るものの、若齢期になればまた今と同じように落葉は得られるはずです。

コラム

「落葉掻きは医者を遠ざける」

栃木県南東部の芳賀郡茂木町の「美土里館」という町営腐葉土製造施設では、地域の住民が集めた落葉を所定のパック(15~20kg入り)1袋当たり400円で買い取りを行っています。落葉を出荷しているご老人によれば、1人で1日に10袋程度集められるとのことなので、1日約4000円程度のお小遣いになる計算です。

この落葉掻きによって、優良な地元産有機肥料が生産されているだけでなく、町内の多くの里山林が美しく保たれています。さらに適度な運動により元気なお年寄りが増えたことで、自治体の老人医療費の支出が減少するという思わぬ波及効果もあったと聞きます。「落葉掻きは、医者を遠ざける」と言ったところでしょうか。全国各地にこのようなすばらしい取り組みが拡がることを期待します。美土里館の詳細については町のHPをご覧ください。
http://www.town.motegi.tochigi.jp/motegi/nextpage.php?cd=17

保育作業④　落葉掻き

写真3-31
輪伐（りんばつ）。林分をいくつかに分割して、定期的に順番に伐採する

写真3-32
落葉掻き、落葉採集作業。落葉堆肥を目的として行われている例

写真3-33　道沿いに並ぶ落葉袋

写真3-34　落葉掻き作業はボランティアでも十分可能

第4節 被害対策

里山林の更新を考える上で、最も問題になるのがタケ対策です。また、シカが多数生息する地域では、里山林を伐採した後に有用樹の萌芽がシカに採食され、更新がうまく進まないという問題が一部で発生しています。

① タケ対策

タケはとにかく勢力が強く、他の植物を被圧してしまうので、伐採後にこれが侵入してしまうと、有用樹の天然更新どころではなくなってしまいます。駆除剤に頼っても良いのですが、施業によるとっておきの秘策もあるので紹介します。この駆除法は冬期に地上1m程度の高さで伐採するという簡単なものです（**写真3–35**）。これだけでモウソウチクやマダケは、春にオーバーヒートしたように切り口から水分を吹き出し、多くはその年の秋に、遅くともほぼ3年以内に根まで枯死します（**写真3–36**）。切り高は厳密に1mの必要はありません。中途半端な高さで切ると竹がコップ状になり、雨水が溜まって蚊の温床になるので、1m付近の節のすぐ上で切るようにしましょう。ただしこの秘策は残念なことにササ類には使えません。ササ類の場合は、8月中旬つまりお盆の刈り払いを3年間続けて行えば、勢力がかなり弱まることが知られていますので、大変ですが地道に作業するしかなさそうです。

② シカ対策

シカ対策は新植地であれば苗を防護筒でカバーする方法が、そして天然更新では、林分を防護柵で囲むのが一般的です。これらに加えて、忌避剤や施業による被害軽減など、シカ被害を回避・軽減する手法はいろいろありますので、これらを複合的に組み合わせて、その地に合った効果的な対策を探しましょう。

シカ対策A　防護柵

防護柵は最も一般的な防除対策です。防鳥用のネットでは破られてしまうことから、多少単価が高くなっても超強力ポリエチレン製（素材名：ダイニーマ）にすべきです（**写真3–37**）。また十分に管理しないと、侵入口が作られてしまうので見回りがとても重要です。なおシカは柵の上を飛び越えるより、下から潜ることの方が多いので、ネットは裾にスカートの付いたタイプを選びましょう。さらにシカは余程のことがない限り着地地点が見えない状況ではジャンプしないことから、地形の関係で飛び越えやすい場所ができてしまう場合は、その部分に彼らの

写真3-35
タケを地上1m程度で伐った直後のようす

写真3-36
タケ1m切り作業の4年後（同じ場所）。
根まで枯れ、タケノコが出ない

写真3-37
シカ防護柵（超強力ポリエチレン製）

視界を遮るように遮光ネットを併用すれば、侵入防止効果を飛躍的に高めることができます。

また、柵の広さが狭いとシカの侵入意欲は減退するので、この習性を利用してパッチ状の小さな柵を多数設置（パッチディフェンス）するとさらに効果的です。この方法であればシカは柵と柵の間の隙間を通過することが多くなるので、柵内への無用なアタックがなくなるとともに、もし柵を破られたとしても被害はその柵内だけにとどめることができます。さらにシカの捕獲までを視野に入れるのであれば、柵と柵の間のシカ道にくくりワナを設置したり、柵を囲いワナとして活用するなどの応用も可能です。ただし、柵の延長が長くなるので資材代が増えますし、支柱を支えるアンカー等が増えるので下刈りが難儀になるなどのデメリットもあります。これに対しては、第二章で述べた中林施業が大きな威力を発揮します。この施業であれば林内に中高木が残るので、これらが生きた支柱として使えるはずです。そしてさらに積極的にするのであれば、抜き伐りの際にその後の柵の設置を見据えて、残存木を直線的に配置するなどの「策」を講じておけば、有効な「柵」をつくることができます。

シカ対策B　忌避剤

現在市販されているシカ用の忌避剤は、スギやヒノキ等冬期に加害されることが多い樹種用に開発されてきました。このため、主に展葉期間である夏期の食害防除が目的になる広葉樹には、散布回数の制限や過度な塗布による薬害の懸念などがあり、必ずしも適した防除法ではありませんでした。そのような中、最近になって全卵粉を主成分とする自然にやさしい製品（商品名：ランテクター）が開発されています。この忌避剤であれば散布回数無制限なので、例え夏期でも何度も散布できますし、公園の草花や山菜類に対しても安全です。

シカ対策C　施業法

森林施業によるシカ防除法としては、下刈り時の高刈りや坪刈りが知られます。そしてこのほかにも第3節で述べた頭木更新も広葉樹ならではの先人の知恵です。昔は頭木で伐採するためにはヤグラを組む必要がありましたが、現代ではフェラーバンチャという高性能林業機械が開発されており、アームが届く範囲で思うように切幹できます。

この頭木更新は萌芽力が旺盛で小径木や葉の利用価値が高い樹種、つまり茶炭用原木のクヌギや若葉に薬効がある特用林産物の生産林などでは、温故知新の効果てきめんの施業技術のはずです。ぜひシカ被害地の里山林に取り入れたいものです。

シカ対策D　忌避植物

シカ生息地では、シカが好まない植物を中心にした里山林経営を行うのが賢明です。生息密度や周辺植生の状況等にもよりますが、例えばワラビやヒサカキ・

写真3-38
シカ用忌避剤の散布状況

写真3-39
萌芽枝がシカから届かない頭木更新

写真3-40
自由な高さで切幹できるフェラーバンチャ

シキミは好まず、イチョウの実であるギンナンにはシカだけでなくサルも近づきません（**写真3−41**）。

今後さらに注目が集まるであろう植物として、エゴノキ科のオオバアサガラがあげられます（**写真3−42**）。この木は過去には床柱やマッチの軸等として使われた有用植物で、通常であればシカはほとんど食べません。またテツカエデもかなり忌避効果が強く、これらは現段階ではまだ緑化資材にはなってはいないようですが、シカ激害地でも緑化が期待できる貴重な郷土樹種と言えます。今のうちから増殖法を開発し、増産できるようにしておくと良いかもしれません。

写真3-41
イチョウの実であるギンナンにはシカだけでなくサルも近づかない

写真3-42
防鹿ネット筒とオオバアサガラ。一般の樹種は筒で覆う必要があるが、オオバアサガラはそれなしでも元気に育つ。緑化樹種としてとても有望

写真3-43
シカ被害地でも被害を受けずに育つオオバアサガラ（手前は採食されたヒノキ苗）

第四章

伐採木を有価物に
―廃棄物にしない方法

近年では、伐採・搬出された多くの広葉樹材が樹種や形状に関係なく、あたかも廃棄物のような扱いをされています。これはとてももったいないことで、それらの大成を夢見ていた先人たちに申し訳ないと言えるでしょう。この章では、里山林の主要樹種を廃棄物にしない方法について考えたいと思います。

第1節 伐採木は廃棄物か

① 廃棄物とは何か

伐採した木が廃棄物か否かを考える前に、まず廃棄物とは何かを整理します。「廃棄物」とは有価物の対義語であり、自らが利用しない物、もしくは他人に有償で売却できない物のことです。

燃え殻や汚泥など20種類の「産業廃棄物」と、それら以外の「一般廃棄物」に区分され、産業廃棄物の中には「木くず」も含まれています。ただし、この場合の木くずは家の新築や解体、木製品やパルプの製造など、建築業や製造業等の産業で発生する物に限定されており、これ以外の伐採木や剪定枝、根株等の木くずは一般廃棄物です。このため、通常の燃えるゴミと同様に、自治体の定める規格にすれば、○曜日の朝にゴミステーションに出せるはずです。

とは言え庭木1本程度ならそれができても、森林施業で発生する大量の伐採木を処理することは不可能で、それらの多くは林内に放置されています（**写真4－1**）。そして林地残材が、所有者自らが利用しない物なのだとすれば「廃棄物」と解され、それを放置する行為は廃棄物処理法第16条の「何人もみだりに廃棄物を捨ててはならない」（投棄禁止）に抵触することになります?!

② 残材は廃棄物か

それでは改めて「伐採した木は廃棄物か」を考えます。何かに利用しているのであれば有価物であり、廃棄物には当たりません。森林所有者の皆様、ご安心ください。それら伐採木は「肥料」として利用しているはずです。さらに積極的に活用する方法として、林内整理を兼ねて、法面を保護する資材として使うことをお勧めします。

残材の利用A　肥料

どんな植物でも腐れば肥料なので、りっぱに利用していることになります。ただし、世間一般的に見て、それが放置ではないと分かるように、伐採木は玉切りして地面に着けることで、腐食を促進させる姿勢が重要ですし、残材を集積した場合には、それらが雨水等によって流出することがないように注意を払う必要があります。

また積極的に腐食を促すのであれば、移動式チッパーを林内に持ち込んで、残材をチップにして林床に敷き詰めましょう（**62頁、写真4－2**）。当初は見た目も美しい防草マルチングとして機能し、その後早期に肥料になるはずです。

残材の利用B　土留め柵

搬出路を開設した際の切土法面の法尻に一部を杭として打ち込み、残りの残材を横木として並べればりっぱな土留め柵ができます。このことから、細めの幹は林内整理を兼ねて土留め柵の資材として活用しましょう（**写真４−３**）。さらに、枝条で法面を覆えば雨水侵食を防止する効果も期待できます（**写真４−４**）。

写真4-1
林内に散在する林地残材（枝葉）

残材の利用C　法面緑化

路網を開設すると、かなり多量の伐根が発生します。土が付いた伐根は一般的なチップ工場では受け入れてくれないことから、廃棄物処理場に持ち込むことになるので処理経費が高くなります。

そこで林外には持ち出さず、法面を保護する緑化資材として活用する方法を紹介します。これは伐根の際に株だけでなく、その周りの土壌も堀取り、盛土法面に埋め込むことで、法面への活着を促す方法で、造園業界では「根株移植」と呼ばれています（**63頁、図４−１**）。株周囲の草本類や埋土種子までセットで移植できるので、自然植生の復元工法として注目される歴とした技術であり、うまく活着すれば土留めとして機能する有用樹にできるはずです（なお、もし枯死したとしても大損害にはなりませんし、自然に回帰するのですから、不法投棄には当たりません）。

残材の利用いろいろ1

写真4-2

残材の利用A　肥料（チップ化）

移動式チッパーを林内に持ち込んで、残材をチップにして林床に敷き詰める

写真4-3

残材の利用B　土留め柵（施工中）

搬出路を開設した際の切土法面の法尻に一部を杭として打ち込み、残りの残材を横木として並べ、土留め柵を作る

写真4-4

残材の利用B　土留め柵（施工後）

切土の法尻を押さえる柵工に利用した状況

残材の利用いろいろ2

写真4-5

残材の利用C　法面緑化
廃棄物処理される伐根

土が付いた伐根は一般的なチップ工場では受け入れてくれないことから、廃棄物処理場に持ち込むことになり処理経費が高くなる

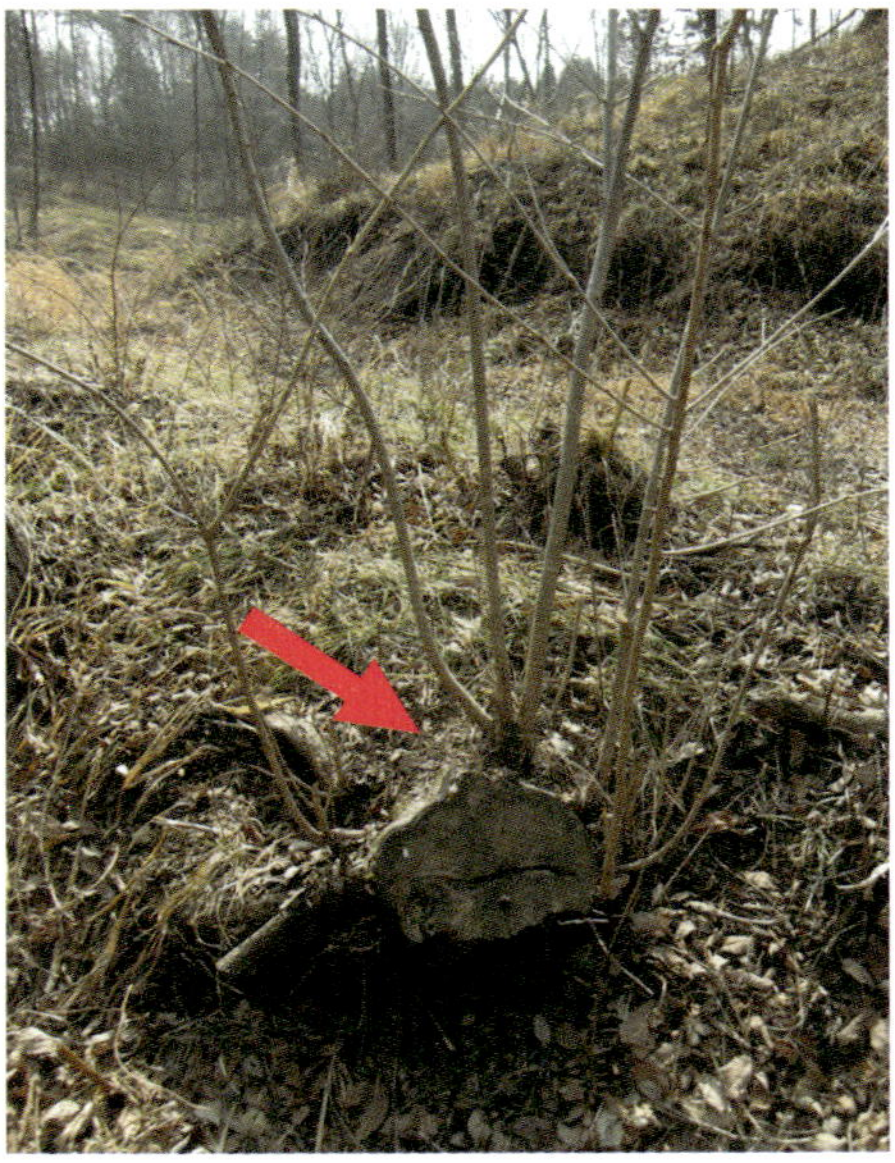

写真4-6

根株移植で活着し、伸長を始めたサクラ

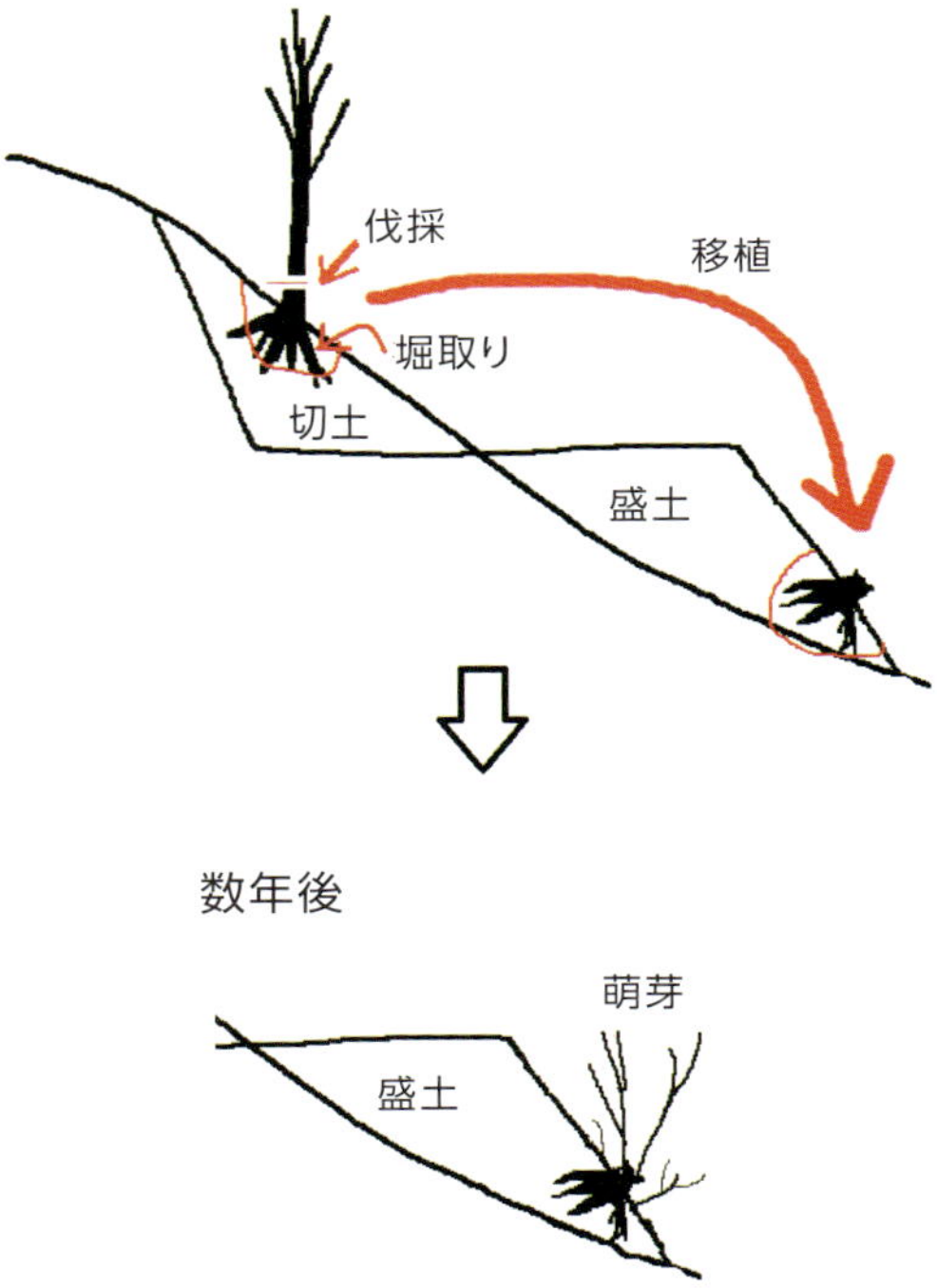

根株移植の方法。
株だけでなく、その周りの土壌も堀取り、盛土法面に埋め込み、法面への活着を促す方法

図4-1　根株移植の模式図

③ 残材を林外に持ち出した場合は？

都市部の平地林や屋敷林などでは、残材は林外に持ち出すことが多くなります。林外であっても所有者自らが使うのであれば、それらは廃棄物ではありません。ただし業者に処分を委託した場合は廃棄物の処理になることが多く、その経費は想像以上に高額になります。このことから、処理すべき残材の量は努めて少なくしましょう。

「混ぜればゴミ、分ければ資源」と言われるように、減量そして利活用の基本は分別です。そこで、まず幹と枝葉は分けます（**写真４−７**）。これだけで少なくともある程度太い幹であれば買い手はつきますし、樹種ごとに仕分けることができれば、より高い単価での取引きも期待できます。また、今日では大径材を割った「割薪」のみを薪と呼ぶことが多いようですが、細い幹もりっぱな「丸薪」であり、薪ストーブを使っている方なら喜んで引き取ってくれるはずです。

写真 4-7
幹と枝葉を分別する。利活用の基本は分別。まず幹と枝葉を分ける。これだけで少なくともある程度太い幹であれば買い手がつく

コラム

「販売費より輸送費の方が高いと『逆有償』」

例えば林地残材を業者に１０００円で販売したとします。１０００円とは言え売れたのですから、その残材はりっぱな有価物だ、と思いたいところですが、運搬等の経費として10万円支払った場合、10万円から実際の運搬費を引いた額で「廃棄物を処分した」と解釈されるのが一般的です。これは逆有償と呼ばれる事象で、引き取った業者には廃棄物処理の許可が必要であり、これがなければ廃棄物処理法に抵触する可能性があります。そして販売？した側もそれに荷担したことになりかねません。このことから、残材を処理する際は、材を無償で引き取りに来てくれる相手を探したいものです。

残材の利用いろいろ3　③残材を林外に持ち出した場合は？

写真4-8　分別せずに収集された材（幹）

写真4-9　分別して集積された材（幹）

写真4-10

丸薪。細い幹でもりっぱな「丸薪」になるので、薪ストーブ用として利用価値は高い

写真4-11

このような状態でも分ければ資源となる。「混ぜればゴミ、分ければ資源」と言われるように、利活用の基本は分別

第2節 里山樹種の特徴と価値

里山に生育するいろいろな木々の商品化のヒントとするために、本節ではそれらを、

①主な高木
②その他注目すべき高木
③中低木に多い樹種
④特殊樹種

の4つに分け、各々の特徴や価値を整理します。

単価の算出に当たっては広島県や岩手県の森林組合連合会のHP等から得た販売事例を参考にしました。また、木材の単価は1㎥当たりで示すのが一般的ですが、「この立木1本を販売するといくらになるか」の方が分かりやすいので、ここでは樹高15〜20m程度のほぼ通直な立木1本当たりのおおよその価格(表)として示しました(実際にこの通りに取引きされたわけではありません)。

① 主な高木

A　ナラ類
—コナラはシイタケ原木、ミズナラはオーク材

コナラは薪炭や緑肥用等として古くから全国各地で保育されてきました。このためコナラが含まれない里山林を探すのは難しいくらいどこにでも生育しています。萌芽力がとても強いうえに、下種でも更新し、発芽から2〜3年で結実を始めるという特徴もあります。特にシイタケ原木に適しており、直径10cm程度、長さ90cmの原木が1本150円以上、最近はその2倍にもなろうかとの勢いで高騰していますので、優良な若い林分であれば伐採サイクルの約15〜20年毎に150万円／ha以上の収入になる計算が成り立ちます。ただし材質が非常に硬いので用材には向かないことから、現況の里山林に多く見られる「シイタケ原木の旬を過ぎた大径材」は太くても単価が安いチップか薪にするしかありません。つまりコナラは大径化すると価値が下がる樹種なのです。

このコナラに対し、より標高の高い地域に分布するミズナラは、古くは家具用材等として主にヨーロッパに輸出された北海道の主要樹種です。オークと言うと私たちはカシを連想してしまいますが、木材業界ではこのミズナラを指します。過去に輸出された本邦のオーク材は、家具やウイスキーの樽等としてわが国に里帰りしているケースも少なくなく、今後はわざわざヨーロッパを経由させないで、ジャパニーズオークとして世界に売り出すべき良材です。ただ近年全国に拡

主な高木　ナラ類―コナラはシイタケ原木、ミズナラはオーク材

写真4-12　コナラ
シイタケ原木の旬を過ぎた大径材は、太くても単価が安いチップか薪程度しか使い道がない。コナラは大径化すると価値が下がる

写真4-13　コナラのシイタケ原木林

写真4-14　シイタケ原木用に積まれたコナラ・クヌギ材
写真の一山はピッタリ100本（7本14段積み、最下段を含む）

大しているナラ枯れに弱いことから、地方によってはそのリスクの高い樹種であることは頭に入れておきましょう。

また、葉が柏餅に用いられることで知られるカシワは、耐風性が強く、北海道等では防風林として育成された歴史があります。また、新芽が出るまで葉を落とさないことが家系繁栄に例えられ、縁起の良い樹種として屋敷林にも好んで用いられてきました。ある程度大木になっていることもありますが、材質としてはミズナラには及ばないようです。

写真4-15　ミズナラ
オーク材とはこのミズナラ材のこと。家具やウイスキーの樽等として有用な樹種

表4-1　1本いくらで売れるか（ミズナラ）

質	玉	長さ(m)	末口径(cm)	単価(円/本)	
上	1	5	50	90,000	※1
	2	2.1	44	29,679	※2
	3	2.1	28	2,157	※3
立木１本計		9.2	41	121,836	
中	1	4.2	46	39,726	※3
	2	2.2	34	8,164	
	3	2.2	26	1,785	
立木１本計		8.6	35	49,675	
下	1	2.2	40	11,475	※4
	2	2.2	32	7,389	
	3	2.2	22	1,278	
立木１本計		6.6	31	20,142	

※1：長野　2015/1/8
※2：盛岡　2015/11/27
※3：二戸　2014/8/5
※4：一関　2014/8/6

B　クヌギ
―高級茶炭の原木に

クヌギはコナラと並び全国の里山林に非常に多い樹種です。コナラ同様に用材には不向きなことから、大径化させる必要はないので、どんな高木でも思い切って伐採し、更新を図りましょう。下種更新は全く望み薄ですが、若い株であれば萌芽はとても旺盛で、成長も早い樹種です。

昔は、地方によっては娘の嫁入りの際に嫁ぎ先で薪に不自由しないようにと、クヌギ苗を持たせる風習があったほど薪に適しています。さらに炭材としても極めて優秀で、切り口が菊の花のように美しい高級茶炭はこのクヌギでないと作れません（**写真4－17**）。

この茶炭用炭材は、7年程度の萌芽枝が100円弱／本で販売でき、優良な林分であれば長さ90cmの原木が1haで5000本以上生産できます。このため例え山林を1haしか持っていなかったとしても、7分割し、7年周期で循環させれば、毎年約700本の炭材が生産でき、約7万円の収入が得られる計算になります。この777のスリーセブンはちょっとした小遣いになるのではないでしょうか。さらにこの炭材生産は、大型林業機械が不要なので、一般の方でも十分に施業できるという利点もあります。

写真4-16　頭木更新で仕立てたクヌギ

写真4-17　クヌギを原木とした茶炭
クヌギは、炭材としても極めて優秀で、切り口が菊の花のように美しい高級茶炭はこのクヌギでないと作れない

写真4-18
樹高を低く仕立てる低林は、高齢者でも施業できる

コラム

「いつまでもあると思うな親とクヌギ」

クヌギの種子、つまりあの丸いドングリは、ネズミ類等が好んで食べてしまう上に、乾燥に非常に弱いので、実をたくさんつける大木下でも、実生が生えていることは極めて希です。そんな弱者でありながらどうしてコナラと並ぶ里山林の主要樹種として君臨し続けてこられたのでしょうか。その謎を解く記述が江戸時代に書かれた大蔵永常「広益国産考」（１９４６）[11]の中にありました。

「９～10月に実が熟す。木から落ちるころに拾い集め、土の中に埋め込み、春の土用のころに、山地にその実を直接植え込んでもよい。」

おそらく先人達はクヌギのドングリを見つけると当たり前のこととして、土を被せてあげる（いわば人工下種更新）とか、自宅に持ち帰り、苗をつくって山に植栽する（まさしく人工造林）などにより、クヌギの更新を補助していたのだと思われます。この行為が行われなくなって久しい今日、全国各地でクヌギの実生が減り続けています。今はこんなに身近であるクヌギが、このままでは「探さないと見つからない樹種」になる時代が来るかも知れません。いつまでもあると思うな親とクヌギなのです。

コラム

「命短し、コナラとクヌギ」

環境省が行った巨樹巨木の調査によれば、全国の６万本以上にも及ぶ巨木（胸高の幹周が３００㎝以上）を樹種別に見ると、最も多いのがスギで、次にケヤキ、そしてクスノキ、イチョウ、スダジイ、タブノキと続きます。里山林の主要樹種であるコナラはやっと42番目に、さらにクヌギにいたっては48位まで名前が出てきません。確かにこれらはその多くが大木になる前に伐られていたという過去はあったにせよ、そのすべてが伐採されたとは考えにくいので、おそらくその樹種自体がそれほど長寿ではないのだと思われます。そしてこのことは、里山林に林立する多くの木々が、近いうちに朽ち果てる運命にあることを意味します。

なお、愛媛県の樹齢４００年程度とされるクヌギは、大径木ではなく「巨大な切株」ですし、樹齢２００年とも３００年とも言われる山梨県韮崎市の市天然記念物「宮久保のクヌギ」（**写真４-20**）は、度重なる搾取により多数に分岐しながらもまだまだ伸長を続けています。このようにクヌギやコナラは、ダメージを与え続けた方がその勢力が維持されるという不思議な特徴を持っていますので、長生きさせるのであれば若いうちに何度も「喝」を入れておくべきです。

写真4-19
ドングリを植え込んで育てたクヌギ稚樹。クヌギは鉢でよく育つ

写真4-20
樹齢200年とも300年とも言われる山梨県韮崎市の市天然記念物「宮久保のクヌギ」

C　サクラ類
―多様な用途で有用な樹種

春を美しく彩るサクラ類は、里山の人気者であるとともに、用材としても非常に有用な樹種です。全国に広く分布するヤマザクラ（**写真4－21**）の他、シウリザクラやカスミザクラ、オオシマザクラ等いろいろありますが、木材業界では「サクラ」に統一され、大径材は突板や用材用、また最高級の版木としても知られます。これら以外でも例えばナメコなどの菌床用または原木として、またハム等の薫製用のチップ材にもなりますし、樹皮は装飾用や漢方薬の原料になります。

このようにサクラはその用途がとても多彩な優秀な樹種なので、今後はさらに優占率を高めたいものです。なお、強度な抜き伐りを行い、幹に急に直射日光を当てると「皮焼け」を起こし（**写真4－22**）、樹勢が弱りやすいことから、できれば孤立しないように周りを副木で囲むようにしましょう。また里山に多い樹種であるウワミズザクラは、材としてはあまり流通しませんが、新潟県等の一部地域では、この木の実を食用にするそうです。

写真4-21
里山の人気者であり、全国に広く分布するヤマザクラ

写真4-22　皮焼けの状況
強度な抜き伐りを行い、幹に急に直射日光を当てるとこのように「皮焼け」を起こし、樹勢が弱ることがある

写真4-23　用材として価値の高いサクラ
大径材は突板や用材用、また最高級の版木としても知られる

表4-2　1本いくらで売れるか（サクラ）

質	玉	長さ(m)	末口径(cm)	単価(円/本)	
上	1	5.4	36	24,494	※1
	2	3	32	12,595	
立木1本計		8.4	34	37,089	
中の上	1	4	40	18,560	※2
	2	3	28	4,234	
	3	3	24	1,728	
立木1本計		10	31	24,522	
中の下	1	2	42	9,173	※3
	2	4	28	4,328	
	3	2.8	22	949	
立木1本計		8.8	31	14,450	
下	1	3.8	28	4,469	※2
	2	3	24	1,728	
	3	3	22	1,452	
立木1本計		9.8	25	7,649	

※1：広島三原久井　2015/11/14
※2：広島三原久井　2015/10/15
※3：広島林産中市　2015/3/9

D　クリ
——耐久性・耐水性に優れた材

里山には極めて一般的な樹種であるクリは、太古の昔から食用そして建築材用等として人の生活に大きな関わりを持ってきました。この木の実が美味しいと思うのは私たちだけではないようで、小動物や野鳥などの大好物でもあります。このため動物散布による更新が一般的で、近くに母樹が見あたらない林分でも、突如として実生が生育しだすことがよくあります（**写真4－24**）。材質が耐久性・耐水性に富むことから、鉄道の枕木に用いられてきただけでなく、古くは屋根材に、現代でも主に建築用材の基礎部分として重要な役割を担っています。曲がりが多いので２ｍで玉切りされることが多いのですが（**写真4－25**）、建築用では長尺が人気で、４ｍ以上で採材できるような樹型であれば高値が期待できます（**写真4－26**）。

写真4-24
クリは、種子の動物散布による更新が一般的で、近くに母樹が見あたらない林分でも、突如として実生が生育しだすことがよくある

写真4-25
クリ材は、曲がりが多いので２ｍで玉切りされることが多い

写真4-26
建築用材の基礎部分として重要な役割を担うクリ材。建築用では長尺が人気なので、４m以上で採材できるような樹型であれば高値が期待できる

表4-3　1本いくらで売れるか（クリ）

質	玉	長さ(m)	末口径(cm)	単価(円/本)	
上	1	4	36	16,589	※1
	2	6	30	20,772	
立木１本計		10	33	37,361	
中の上	1	2.4	44	18,586	※2
	2	2	34	4,855	
	3	2.6	30	3,744	
立木１本計		7	36	27,185	
中の下	1	2	32	5,734	※3
	2	2	28	4,704	
	3	3	24	5,184	
立木１本計		7	28	15,622	
下	1	3	26	4,259	※1
	2	3	20	2,760	
	3	3	16	576	
立木１本計		9	21	7,595	

※1：広島三次　2015/10/20
※2：広島三次　2015/2/2
※3：広島三次　2015/11/4

E　ケヤキ
―高値で売れる「ケヤキ神話」の材

ケヤキは樹型が美しいことから屋敷林や街路樹、公園樹として昔から好んで人工的に植えられてきました。このため「人為的な植生」を表徴する種であり、おそらく私たちが里山で目にする大きなケヤキのほとんどは植えたものです。

1本が数千万円で取引きされたこともあるなど、材が高値になることで知られ、ケヤキさえ植えておけば孫やひ孫の代には高値で売れるという「ケヤキ神話」は今でも生きています。確かに一攫千金の夢を見たくなる樹種ですが、1㎥当たり5000円の材もあるなど、その単価はピンキリです。この価格差を論じる際に、よく言われるのが赤と青の違いで、確かに昔から材色がオレンジ色になる「ホンケヤキ」「アカケヤキ」と、白っぽい「クサケヤキ」「アオケヤキ」とがあり、前者の方が高値になるのは事実です。ただし、その差は桁が変わる程ではありません。この広葉樹材の価格形成の謎解きは第六章で行います。

なお、「伐らぬケヤキの皮算用」に水を差すようで誠に心苦しいのですが、屋敷林等の中に育つケヤキは、腐朽が多いことや枝下長が短いなどの理由で、期待したほど高価にはならなかった話をよく耳にします。また過去に植栽を行ったケヤキの一斉林も、残念ながら生育が思わしくない事例が多いことから、一攫千金はそうは簡単ではないかも知れません。

写真4-27
ケヤキ並木はほぼ人工林

写真4-28
ケヤキの大径材。材が高値になることで知られる。「ケヤキ神話」は現在も色あせていない

写真4-29
このケヤキはいくらで売れる?
上の中(表4-4) なら、80万円にもなる?

表4-4　1本いくらで売れるか (ケヤキ)

質	玉	長さ(m)	末口径(cm)	単価(円/本)	
上の中	1	4.2	72	435,456	※1
	2	4.8	50	360,000	※2
立木1本計		9	61	795,456	
上の下	1	4	72	248,832	※3
	2	3	48	24,192	
	3	2.2	38	6,354	
立木1本計		9.2	53	279,378	
中の上	1	5	54	102,060	※3
	2	4	50	65,000	
立木1本計		9	52	167,060	
中の下	1	3	48	24,192	※3
	2	2.2	38	6,354	
	3	3	28	3,528	
立木1本計		8.2	38	34,074	
下	1	3	36	2,916	※4
	2	2	30	1,350	
	3	3	28	1,764	
立木1本計		8	31	6,030	

※1：京都丹州　2011/9/1
※2：京都丹州　2011/10/12
※3：広島三原久井　2015/3/2
※4：広島三次　2014/7/19

F　カシ類、シイ類
―硬い材質で需要あり

照葉樹林の代表格であるカシ類は、関東近辺に多いシラカシのほか、主に西日本に生育するアラカシやアカガシ等数種があります。昔は寒冷な地域ではなかなか成育しない樹種だったのですが、地球温暖化の影響からか近年その分布域が北上しており、近い将来、全国的に里山林の主要樹種になる可能性が大です。

広葉樹材の中でもとりわけ硬く、ナタや金槌等の柄、そして建築部材等として有用です。栃木県宇都宮市の樫専門店では、地域の林業関係者から冬期になると1㎥当たり1～3万円でシラカシ原木を買い入れており、板状に一次製材した後、天然乾燥させてから二次製材して全国、さらに海外にまで販売しています。ただしこの買い入れ単価は、心が黒いボタン材だと半値になります。そしてこの変色は枝打ちした切り口から腐朽菌が侵入した場合に発生しやすく、屋敷林のカシはボタン材であることが多いようです。

西日本の温暖な地方の里山林には、スダジイやツブラジイなどのシイ類が多く成育します。これらは用材には不向きなため、これまで材が流通することはほとんどありませんでした。ところが、最近になってこの樹種を使ったフローリング材が商品化されるなど、内装材としての用途が注目されつつあります。カシやシイ等の常緑広葉樹は今後わが国の里山に増えてくるであろう樹種なので、さらなる用途開発に期待したいものです。

写真4-30
屋敷を守るシラカシ。シラカシは、関東近辺に多く分布する

写真4-31
製材工場に集められたシラカシ材。1㎥当たり1~3万円でシラカシ原木を買い入れ、板状に一次製材した後、天然乾燥させてから二次製材して全国、さらに海外にまで販売する例もある

写真4-32
シラカシ。このサイズなら製材用原木として価値が高い

表4-5　1本いくらで売れるか（シラカシ）

質	玉	長さ(m)	末口径(cm)	単価(円/本)	
上	1	2	46	13,839	※1
	2	3	34	10,785	
	3	3	24	4,873	
立木１本計		8	35	29,497	
中の上	1	2	30	5,400	※2
	2	2	28	4,390	
	3	2	24	2,995	
	4	2	20	1,200	
立木１本計		8	26	13,985	
中の下	1	3	24	4,873	※1
	2	3	20	3,144	
	3	3	16	1,236	
立木１本計		9	20	9,253	
下	1	2.4	30	2,160	※3
	2	3	28	3,058	
	3	3	22	1,234	
立木１本計		8.4	27	6,452	

※1：広島県三次　2015/12/21
※2：広島県三次　2015/12/4
※3：広島県三次　2014/11/15

G　ホオノキ
─軟らかな材質が加工品原木に

朴葉焼きで知られるホオノキは、全国的に分布する代表的な「雑木」です。そして雑木であるがゆえに、各地で伐採され続け、現代では大径材が非常に少なくなってしまいました。しかしこの樹種は成長が早く、材が軟らかいので、加工品等の原木としてとても重宝なだけでなく、朴葉を活用したお茶が開発されたり、薬用としての需要があるなど、特用林産物としての価値も十分なのです。

このことから今後は、このホオノキはぜひとも育成に努めるべき樹種だと思います。萌芽力が強く、切株からは多くの萌芽が発生しますが、小径材の利用価値は低いので、用材にする場合には強度な萌芽整理を行い、1～2本に仕立てるようにしましょう。

写真4-33

写真4-34

ホオノキは萌芽力が強く、切株からは多くの萌芽が発生するが、小径材の利用価値は低いので、用材にする場合には強度な萌芽整理を行い、写真4-34のように1~2本に仕立てたい

写真4-35
ホオノキは、材が軟らかいので、加工品等の原木としてとても重宝される。大径材ほど価値が高い

表4-6　1本いくらで売れるか（ホオノキ）

質	玉	長さ(m)	末口径(cm)	単価(円/本)	
上	1	4	42	30,270	※1
	2	3	38	11,826	
	3	2	32	3,195	
立木1本計		9	37	45,291	
中の上	1	3	38	7,364	※2
	2	4	34	9,710	
	3	3	28	3,528	
立木1本計		10	33	20,602	
中の下	1	3	38	6,498	※3
	2	2	30	2,340	
	3	4	26	4,056	
立木1本計		9	31	12,894	
下	1	2	28	2,195	※4
	2	2	26	1,893	
	3	4	22	1,936	
立木1本計		8	25	6,024	

※1：広島三次　2015/9/19
※2：広島三原久井　2015/11/14
※3：広島三原久井　2015/10/15
※4：広島三次　2015/12/4

H　モミ
―卒塔婆、そうめん木箱用材

モミは針葉樹には珍しくコナラ等と混生することが多い樹種です。卒塔婆くらいにしかならない「低質材」のイメージがありますが、卒塔婆に用いられたのは材色が白く、墨で字を書くのに適していたためで、実際は成長が早くて大きな欠点のない優良材なのです。

愛知県等の一部の木材市場にしか材が集まらず、最近はその取扱量も減っています。その影響からか、近年モミの卒塔婆やお中元のそうめんの木箱用の原木は値上がりしており、この傾向は今後も続きそうです。今はどこにでもあるこのモミの木が、近い将来「高級材」として脚光を浴びる日が来るかも知れません。また、幼樹はクリスマスツリーとしての需要もあります。

写真4-36
原木市場で取引きされるモミ材。取扱量が減少し、値上がり傾向が見られ、注目される材である

写真4-37
モミは実際は成長が早くて大きな欠点のない優良材

写真4-38　ミズキの大径木

枝が車軸のように輪生し、枝股と次の枝股までは確実に無節材が採れることから、小物加工品の原木として最適。高値が期待できる

写真4-39　ミズキの加工品
（右側の白いもの）

材色が極めて白いことから、寄せ木細工や木象嵌など「色」が求められる用途においてとても貴重な樹種

表4-7　1本いくらで売れるか（モミ）

質	玉	長さ(m)	末口径(cm)	単価(円/本)	
上	1	4	56	64,351	※1
	2	4	40	29,440	
	3	4	34	14,381	
立木１本計		12	43	108,172	
中の上	1	4	56	34,120	※2
	2	4	46	13,542	
	3	4	38	4,679	
立木１本計		12	47	52,341	
中の下	1	4	54	8,165	※1
	2	4	52	11,032	
	3	4	36	13,219	
立木１本計		12	47	32,416	
下	1	4	44	10,067	※2
	2	4	36	6,273	
	3	4	32	3,359	
立木１本計		12	37	19,699	

※1：広島林産中市　2014/1/8
※2：広島林産中市　2015/11/28

②そのほか注目すべき高木

A　ミズキ
―小物加工品原木として最適

ミズキは材質が柔らかく、枝が車軸のように見事に輪生するので、枝股と次の枝股までは確実に無節材が採れることから、小物加工品の原木として最適です。また材色が極めて白く、寄せ木細工や木象嵌（もくぞうがん）など「色」が求められる用途においてとても貴重な樹種でもあります。主にヒヨドリなどの野鳥に種を運ばせて拡大するので、林縁部に点在することが多く、出材量はなかなかまとまりませんが、ちょっとした高値にもなる樹種です。

コラム

「血を流す木」

「水木」と言われるように、ミズキは樹液の流動がとても活発で、春に伐採すると切り口から樹液が大量ににじみ出てきます。そしてこれが発酵すると赤く変色し、あたかも木が出血しているかのような不気味な光景になります。さらに地方によっては昔このドロドロを「粕」と呼び、みそ汁の具にしたというのですから驚きです。勇気のある方はぜひご賞味ください。

写真4-40
ミズキは樹液の流動がとても活発で、春に伐採すると切り口から樹液が大量ににじみ出る。これが発酵すると赤く変色する

B　シデ類
―きのこ菌床チップ原木への可能性

アカシデやクマシデなどのシデ類は、腐りやすいので用材として流通することはほとんどありません。シイタケ原木としては使えますが、ナラ類のほだ木が4～5年は持つのに対し、このシデ類はほぼ2年で朽ち果ててしまうので、生産者にはあまり人気はないようです。

ただし、早く腐るということは、きのこの菌の回りが速いという証なので、菌床チップの原料としてはもってこいの優れた特徴のはずです。このことから、近い将来この特性が認められ、菌床用に最も適した樹種として注目を集める可能性が十分にありますので、シデ類が多い里山林は、少し伐採を待って大径化させるのも選択肢の1つかもしれません。なお、紅葉が美しいアカシデは、庭木として人気が高まることも考えられることから、稚樹は大切にしておきましょう。

写真4-41

写真4-42

紅葉（黄葉）が美しいシデ類は、庭木としての人気が高まることが期待される

写真4-43
ハリギリ大径木。
栓（セン）として流通する人気の用材樹種

C　ハリギリ
―栓(セン)として人気の用材樹種

タラノキやコシアブラ等の仲間であるハリギリは、木材業界では栓(セン)として流通する人気の用材樹種であるとともに、若葉はアクダラと呼ばれる山菜になります。つまり若齢期には食用として、壮齢になったら用材になるという有り難い特徴を持っているのです。このため里山にどんどん増やしたい樹種なのですが、確実に増やすには細い根を15cm程度の長さに分断して植え付ける必要があります。どなたかもっと簡易な増殖法を開発してくれませんか。

写真4-44
ハリギリの若葉はアクダラと呼ばれる山菜になる。これは、アクダラの天ぷら

写真4-45
ベンチ材に使われたハリギリ

表4-8　1本いくらで売れるか（ハリギリ）

質	玉	長さ(m)	末口径(cm)	単価(円/本)	
上	1	4.8	66	232,088	※1
	2	2.2	48	27,878	※2
	3	2.1	38	5,094	※3
立木1本計		9.1	51	265,060	
中	1	4	52	70,304	※4
	2	2.2	46	9,404	※3
	3	2.1	38	5,094	※3
立木1本計		8.3	45	84,802	
下	1	2.2	48	6,589	※3
	2	2.2	38	2,891	※3
	3	2.2	24	950	※3
立木1本計		6.6	37	10,430	

※1：盛岡　2015/9/15
※2：盛岡　2015/11/27
※3：盛岡　2014/8/21
※4：一関　2014/8/6

D　クルミ
—フローリング、家具向け優良材

クルミ材と言われてもあまりピンとは来ませんが、「ウォールナット」と言い換えれば聞いたことがあるのではないでしょうか。このウォールナットは一般には外国産であるものの、わが国の山野や河川敷などに普通に見られるオニグルミやサワグルミも、フローリングや家具になる優良材です。国産大径材はなかなかないようですが、今はまだ細くても太くなるまで気長に待ちましょう。

またオニグルミの実は、希少な国産ナッツであり、長野県の一部などでは地域の特産品になっています。一般の屋敷林ではこの実を「売るほど」生産するのは難しいでしょうが、晩酌のつまみ程度であれば十分なはずです。

写真4-46
オニグルミの実。希少な国産ナッツの原料

表4-9　1本いくらで売れるか（クルミ）

質	玉	長さ(m)	末口径(cm)	単価(円/本)	
上	1	2.2	50	42,900	※1
	2	2.2	42	13,548	※2
	3	2.1	24	2,782	※2
立木1本計		6.5	39	59,230	
中	1	2.2	36	7,442	※3
	2	2	32	3,707	※3
	3	2.2	22	1,395	※3
立木1本計		6.4	30	12,544	

※1：盛岡　2014/11/27
※2：久慈　2014/7/1
※3：盛岡　2014/8/21

E　タモ・シオジ
―フローリング、木製バット材へ

タモはロシアや中国から輸入され、フローリング材等としてとても人気があります。国産としては主に北海道から東北地方にかけて分布するヤチダモやアオダモ、関東地方以西の山間部に成育する近隣種のシオジがこの仲間であり、幹が通直に育つ良質材で、用途はいろいろあるのですが、国産材はなかなか出材されないようです。最近になって国産材木製バット生産を何とか復活させようとする動きも起こっていますので、今後はぜひとも安定生産を実現し、国産材バットによるホームランに期待しましょう。

写真4-47
関東地方以西の山間部に成育するシオジ。幹が通直に育つ良質材なので、用途は多い

写真4-48
タモ材はフローリング材等として人気が高い

F　イチョウ
―小物から家具材、建築用材、そしてギンナンに

イチョウは外来種でありながら日本の風土にしっかりと適応し、社寺林や各地の屋敷林、街路樹等には欠かせない樹種として定着しています。木材の用途としては「まな板」程度しか知られていませんが、柔らかくて狂いが少ないことから、小物から家具材、建築用材に至るまで大活躍しており、私たちは気づかないうちにイチョウ材に触れているはずです。

またイチョウの実であるギンナンは、サルやシカによる被害がほとんどないことから、これらの被害に頭を痛めている地域においては、特別な防除対策が不用な数少ない特用林産物として注目すべきです。

写真4-49
イチョウの原木。イチョウ材は、柔らかくて狂いが少ないことから、小物から家具材、建築用材に至るまで利用されている

表4-10　1本いくらで売れるか（イチョウ）

質	玉	長さ(m)	末口径(cm)	単価(円/本)	
上	1	2	74	34,707	※1
	2	4	48	10,138	
	3	3	26	1,622	
立木１本計		9	49	46,467	
中	1	3	46	17,774	※2
	2	4	38	6,238	
立木１本計		7	42	24,012	
下	1	3	32	2,458	※2
	2	4	16	819	
立木１本計		7	24	3,277	

※1：広島林産中市　2015/4/18
※2：広島三次　2015/12/4

G　マツ類
―大径材は高値取引き

古くから建築用材として重要な役割を担ってきたマツ類は、住宅の梁としてはほとんど使われることはなくなったものの、大径材であれば今でも高値で取引きされている樹種です。一般材でも土木工事用の杭木は品薄状態が慢性化していますし、薪としては「松明」で知られるように極めて良質です。

過去にマツクイムシの激害を受けた林分でも、その後に開設した林道の法面などでは、その子孫が力強く復活している光景がよく見られますので、マツ類の遺伝子はマツ枯れなんかに負けないのは確かなのです。しかし、やはりこの樹種を長期間育成する計画を立てるのは高いリスクを伴います。残念ですが大径になるまで育てるのではなく、多少安くても枯れる前に伐るという選択も検討すべきでしょう。

写真4-50
極めて良質な薪材となるマツ類

③ 中低木に多い樹種

A　カエデ類
―造園の人気樹種

紅葉が美しいカエデ類は、やや日陰でも生育できるので、多段林の中低木としてとても貴重な存在です。古くから造園業界の人気樹種であり、一昔前はカエデ属のメグスリノキが大ブームになりましたし、現在は特にヤマモミジやハウチワカエデ等に人気が集まっています。

株立ちでないと庭木としての価値が大きく下がる樹種が多い中、カエデ類は1本立ちでも商品になります。さらに木材としても、杢を活かした指物や家具用の高級材として知られ、特にイタヤカエデの大径材は人気があります。風で種を散布させて拡大することから、抜き伐りを行う際には、カエデ類があったら母樹として残しておきましょう。

写真4-51
造園業界の人気樹種でもあるヤマモミジ

写真4-52
イタヤカエデの大径材。杢を活かした指物や家具用の高級材として知られ、大径材は人気が高い

表4-11　1本いくらで売れるか（カエデ）

質	玉	長さ(m)	末口径(cm)	単価(円/本)	
上	1	2.2	62	135,309	※1
	2	2.2	40	44,000	※2
	3	2.2	34	27,721	※3
立木1本計		6.6	45	207,030	
中	1	2.1	44	6,627	※4
	2	2.2	34	4,858	※4
	3	2.2	28	2,604	※4
立木1本計		6.5	35	14,089	

※1：福島　2015/11/28
※2：盛岡　2014/10/22
※3：盛岡　2015/9/15
※4：久慈　2014/7/1

B　サカキ・ヒサカキ
―特用樹として神事や仏事の必需品

西日本のサカキ、東日本のヒサカキは昔から、神事や仏事の必需品として屋敷林や集落の片隅で大切に保育されてきました。多少暗くても成長できるので、単に育てるだけであれば難しい樹種ではないものの、販売用に管理する場合には、枝葉を効率的に採取するために、ある程度の高さで断幹し、枝が横に広がるように仕立てる必要があります。また出荷の規格を揃えたり、病害虫対策などの手間がかかることは頭に入れておきましょう。

C　コシアブラ
―彫刻の小物製品用材

タラノキと並ぶ美味しい山菜であるコシアブラは、材質が柔らかくて加工しやすく、例えば山形県の民芸品である「お鷹ぽっぽ」や福岡県の「木うそ」など、彫刻を施す小物製品の材料に適しています。同じウコギ科のハリギリほど大径にはなりませんが、亜高木にはなるので、高木性樹種の更新があまり良好でないような林分では、積極的にこの実生を残しましょう。

写真4-53
ヒサカキ。販売用に管理する場合には、枝葉を効率的に採取するために、ある程度の高さで断幹し、枝が横に広がるように仕立てる必要がある

写真4-54
コシアブラの天然更新による稚樹

写真4-55
コシアブラの大径木。材質が柔らかくて加工しやすく、彫刻を施す小物製品の材料に適している

D　アオダモ・アオハダ
―庭木として大ブレイク

里山林の低木としてごく普通に生育するアオダモやアオハダは、林業的には価値のない「雑木」であり、通常は除伐の対象です。ところが四季が感じられるさわやかな庭木として造園業界で大ブレイク中であることはあまり知られていません。例えば栃木県那須塩原市にある東日本屈指の植木市場では、1株が数千～数万円で取引きされており、樹皮に白い斑がくっきり表れた優良株は10万円を越えることも珍しくないのです。そして苗畑で栽培された形が整った株よりは、山に自生していた暴れた山採り株の方が高値になる傾向があります。

この山採りとは、例えば植木業者が、庭木に適した樹種の多い林分に目星をつけておいて、シイタケ原木生産等で伐採を行った直後などを見計らって森林所有者と商談し、いくばくかの謝礼を払い、そこに生育する株を掘って、根巻きをして山から担ぎ出してくるというものです。

このことからアオダモやアオハダが多い里山林は、森林所有者からすればそれらの育成に努力してきたつもりはなく、放って置いただけでも、山採りを主業とする植木業者にとっては宝の山に育っているケースが少なくありません。今のところこの需要と供給のバランスは成り立っているようですが、今後は山取り株が品薄になる場合も考えられますので、現段階で生産性を高めておくべきです。

なお、これら造園樹種の多くは株立ちでないと商品価値が著しく落ちます。そこで、シイタケ原木を生産する際にクヌギやコナラを複幹にするのと同様に、造園業界にも単木を一度伐採して、萌芽を活かした株立ちの樹型に改良する「本株づくり」という作業があります。さらに、株立ちをより早く作るために数本の苗をまとめて植える「寄せ植え」を行うこともあります。

写真4-56
下層にアオハダ（矢印）が多い林分。庭木の山採りを主業とする植木業者にとっては宝の山

本株づくりされたアオダモ

写真4-57

写真4-58

造園樹種の多くは株立ちでないと商品価値が著しく落ちるため、シイタケ原木を生産する際にクヌギやコナラを複幹にするのと同様に、単木を一度伐採して、萌芽を活かした株立ちの樹型に改良する「本株づくり」作業が行われる

写真4-59
庭木として人気のヤマコウバシ。1株が5,000円程度で取引きされる

E　ヤマコウバシ
—庭木として人気

落葉低木のヤマコウバシは春まで葉を落とさないことから、寒々とした里山林にあってひときわよく目立ちます。この樹種も庭木として人気があり、1株が5000円程度とアオダモほどは高値ではないものの、耐陰性が強く育成に手間がかからないので、里山林の下層木としてはとても有望な樹種と言えます。

F　ヤナギ類
―治山工事の緑化資材に

ヤナギ類が木材市場に出材されることはほとんどありません。しかし、挿し木による活着率がとても高いことから、治山工事等における緑化資材である「挿し穂」としてとても有用な植物です。この挿し穂には小枝が用いられるので、ほぼ毎年収穫できるというメリットがあります。さらにすこぶる成長が良い点や萌芽性が高い点などがバイオマス資源としても注目されつつあり、この樹種をノーマークにするのは得策ではありません。

写真4-60　里に自生するカワヤナギ
治山工事等における緑化資材である「挿し穂」として有用。挿し穂には小枝を用いるため、ほぼ毎年収穫できるメリットも

G　イチゴ類
―〝イチゴ畑〟への発想

林分によっては、林床を覆い尽くすほどクマイチゴやモミジイチゴなどのイチゴ類が繁茂することがあります。下刈りの際のトゲのある厄介者で、何とか効果的な駆除法がないものかと考えてしまいますが、視点を変えて「木イチゴ」のなる木として活用するのはいかがでしょう。憎きトゲトゲの藪が愛しのラズベリー畑に見えてきませんか。

写真4-61　木イチゴ類
利用方法を工夫してみたい

④ 特殊樹木

A　クワ
―良質材はタンス、仏壇に

クワは養蚕業には欠くことができない樹種として全国に広く栽培されてきました。木材として着目されることはほとんどありませんが、磨けば光沢が出ますし、時として美しい杢が現れます。このことから良質な材はタンス、仏壇などの高級品用になることがあります。

今は放置されているクワ畑や、里山林の林縁などに見られるヤマグワでも、今後の手入れ次第で次期に用材として出番が回ってくる可能性は十分にあり、江戸時代には国を挙げてその生産が振興された「四木」の一角であるクワの新たな活かし方になるかもしれません。また、クワの実は、私は昔からドドメと呼んで生食していましたが、最近ではジャムにすると美味しい「マルベリー」というお洒落な食材なのだそうです。

写真4-62　クワ林
良質なクワ材はタンス、仏壇などの高級品用に

写真4-63　クワの実
「マルベリー」と呼ばれ、
ジャムなどの食材に用いられる

表4-12　1本いくらで売れるか（クワ）

質	玉	長さ(m)	末口径(cm)	単価(円/本)	
上	1	4	28	18,816	※1
	2	3	20	5,520	
立木１本計		7	24	24,336	
中	1	4	24	9,216	※1
	2	3	20	1,320	
立木１本計		7	22	10,536	
下	1	2	22	1,820	※2
	2	3	18	982	
立木１本計		5	20	2,802	

※1：広島三次　2015/1/9
※2：広島三次　2015/10/20

コラム

「見渡す限りクワ畑」

国土地理院の地図を調べてみると、明治時代以降、クワの分布は絹織物産業の盛衰に合わせて極めて大きく変化してきたことが分かります。例えば富岡製糸工場に近い埼玉県児玉郡では、明治末期時代までは**図4–2**のようにほとんどクワは見られませんでしたが、昭和初期には右図のように地域全体に拡大します。当時はまさに見渡す限りクワ畑だったことでしょう。その後はそれらはすべて消え、現在では住宅地へと変貌しています。

明治末期の埼玉県児玉郡付近の地図　　昭和初期の埼玉県児玉郡付近の地図

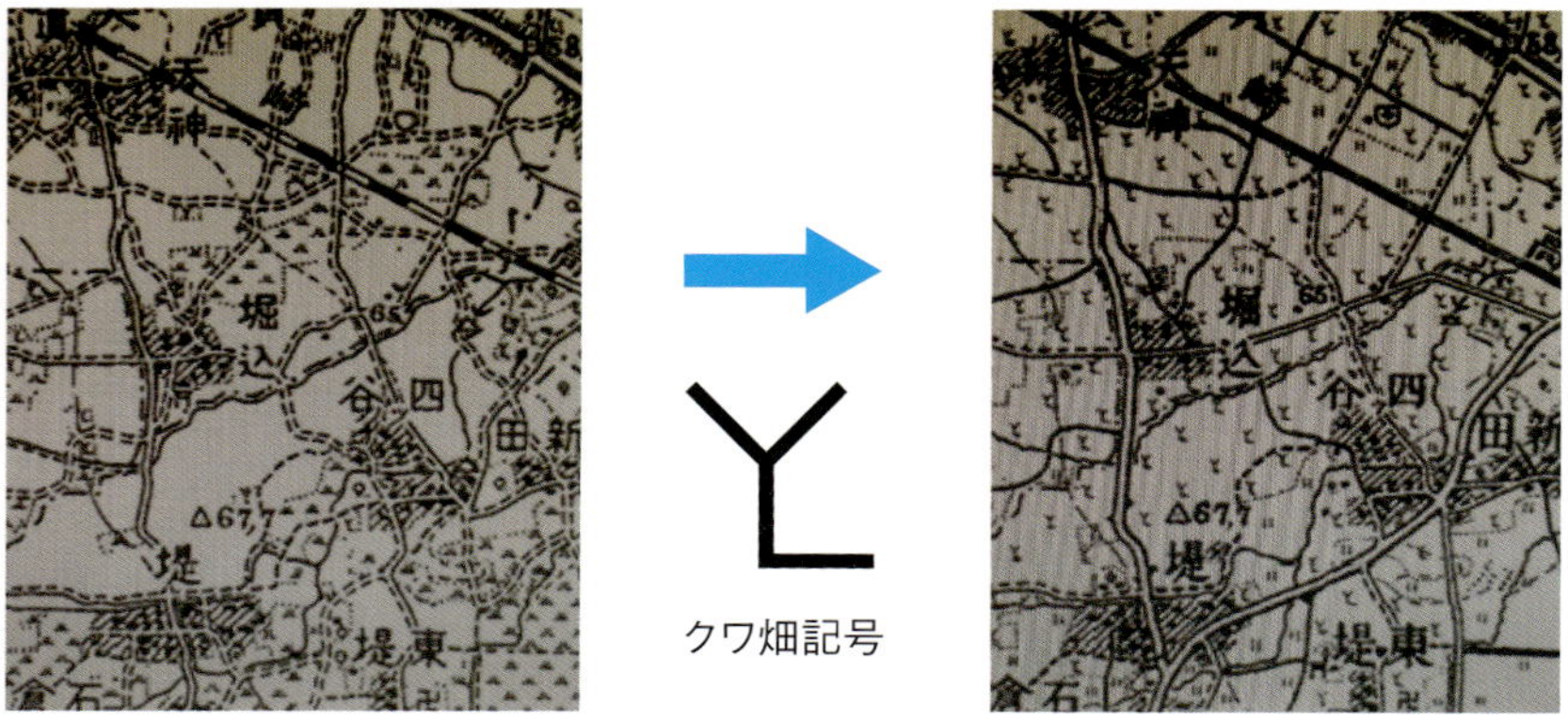

図4-2　クワ畑の分布変化

絹織物用製糸産業の拡大に合わせ、クワ畑が拡大した様子

B　カキノキ
—銘木中の銘木「クロガキ」

屋敷林はもとより、山の中にもカキノキが生えていることがあります。このカキノキはゴルフクラブのヘッドが知られるほかは、ほとんど木材として意識はされていません。ところがこのカキノキの心材が黒く変色した「クロガキ」は、銘木関係者なら誰もが一目置く、銘木中の銘木です。当然単価は通常の材と比べ、桁違いに高く、細めの丸太1本が数十万円になることがよくあります。外見からでは心材の色は見分けられない、つまり伐ってみないと分からないとされるので、この判別法を極めれば、いやそれよりこのクロガキの増殖法が確立できれば一財産になること間違いなしです。

なお、一般的なカキノキより、実がとても小さなマメガキの方が黒くなりやすいそうです。もっとも、それでも1万本に1本と言われるほど、なかなか出会える代物ではありません。

写真4-64

芸術的な「杢」が現れた「カキノキ」

写真4-65

銘木「クロガキ」を使った花台（22,000円／1枚）

表4-13　1本いくらで売れるか（カキノキ）

質	玉	長さ(m)	末口径(cm)	単価(円/本)	
上の上	1	2.2	42	249,924	※1
	2	2.2	36	350,127	※1
	3	2.2	28	34,496	※1
立木1本計		6.6	35	634,547	
上の下	1	2.2	42	249,924	※1
	2	3	38	142,523	※2
立木1本計		5.2	40	392,447	
中	1	2.2	28	34,496	※1
	2	3.6	22	6,621	※3
立木1本計		5.8	25	41,117	
下	1	3.8	32	3,891	※4
	2	3	20	1,200	※5
立木1本計		6.8	26	5,091	

※1：盛岡　2015/10/22
※2：津軽　2015/9/15
※3：北信木材センター　2014/5/15
※4：広島三原久井　2014/6/2
※5：広島三原久井　2015/10/15

C　キリ

かつては娘が生まれたら嫁入り箪笥用に植えたと言われるほど身近な木であったキリは、現代ではそんな習慣もなくなり、珍しい部類になってしまいました。しかし、東北地方などでは大径材に育っていることがあり、今でも秋田県湯沢市では国内唯一と言われるキリ専門の市が年に1回だけ開かれています。今年（平成28年）の市では㎥当たりの平均単価が6万4000円だったとのことで、かなり高値が期待できる樹種だと言えます。

写真4-66
箪笥やその修復用等としての需要が続く「キリ」

第五章

木材以外の収入源を探す
―商品となる特用林産物いろいろ

広大な森林を所有していない限り、木材の販売で毎年それなりの収入を得ることなどできません。そこで一般の林家が林業経営を行うためには、林内で得られる特用林産物による収入に期待したいものです。多くの特用林産物が消滅または輸入品などに取って代わっている現代でも、わが国には伝統的な価値ある純国産品がいくつも残っています。例えば栃餅や葛餅は、それらが私たちの口元に届くまでの過程だけでも十分に「ストーリー」になるはずなのに、残念ながらその価値が消費者には十分に伝わってはいません。このことから今後の里山林経営には、純国産品の工程や職人芸を世間に広く紹介して、その応援団を増やしていくことが重要だと言えます。

第1節

現代の実在事例

これまで里山では多くの特用林産物の生産が試みられてきましたが、しっかりとした収入になっているとの報告はあまり多くありません。そのような中、全国林業改良普及協会編「定年なし！森を生かした収入法」（２００９）[35]にはたくさんの実例が紹介されており、特に島根県の栗栖氏の販売事例は、自分の山に生えた苗を生かすという里山林経営のお手本です。氏が収入につなげている主な産物は次の５つです。

①　サカキ

一般家庭の神棚用として、３～４本を1束にして、生花店等に卸しています。店頭での価格は３８０～３９０円だそうです。このほか神社用として、ヒモロギ用（90～１００cm）は1～2本で１０００～１５００円。心物（１５０～２００cm）は1本１５００～２０００円。玉串（25～30cm）は1本１５０～２００円とのことです。

②　シキミ

仏前用のシキミはサカキより少し高めで、1束（50～60cm）が２５０～３００円。３～４本を束にした盆用が５００～６００円です。

③　門松

正月用の門松は、12月下旬のみの商品ではありますが、2万～2万８０００円と意外と高値で販売できるようです。

④　クリスマスツリー

１・５～１・８mのモミの木も鉢に入れれば３０００～６０００円。２・５～３・０mであれば７０００円になるそうです。またリースの飾り用として、コウヨウザン、コウヤマキ、マツカサ等の種子等も人気とのことです。

⑤　枝物

ウメ（60～70cm）は1本２００～３００円。コケ付きの梅古木（50～60cm）であれば1本５００円。コウヤマキの枝（50～60cm）は３００円～。ダイオウマツ、ナンテン、ウメモドキ、ロウバイ等は60～１００cmが1本１５０～５００円。このほかにも、シバグリ、カエデ類、ナギ、ドイツトウヒ、オオウラジロノキ、バショウ等も商品にしています。

写真5-1　神棚用のサカキ

写真5-2　クリスマスツリー用のモミ幼樹

第2節　昭和20年代の特用林産物を復活

特用林産物は伝統を維持するだけではなく、一度消えた特産品を復活させたり、新たな商品を開発することもストーリーになるはずです。この節では、里山林が究極と言えるほど活用されていた昭和20年代に書かれた伊藤清三氏の「特殊林産物の需給と栽培」（１９５１）[6]から、当時わが国で生産されていた特用林産物を紹介します。現在でも生産が順調に続いている資源もあれば、それが何に使われたのかさえ不明な資源までいろいろあります。

これら「古き」の中から、地球に優しいエコ、そして健康がさらに重視される高齢化社会に再び注目されるであろう「新しき」を、皆さんの鋭い眼力で見つけ出し、経営に活かしてください。

①　澱粉・脂肪
―蕨餅、片栗粉、栃餅に利用

葛餅や葛湯の原料になる葛粉はクズの根から採れる澱粉で、今でも福井県や南九州などの一部の地域では掘り子と呼ばれる根掘り職人がクズの根を掘っています。またワラビもその根から澱粉が採取できます。ほとんどの葛餅や蕨餅がジャガイモの粉で作られている中、最近ではクズやワラビの粉で作られた「本物」が人気を集めており、例えば私の家の近所にある甘味処の看板メニューは、１個１０００円のわらび餅です。

また、昔の片栗粉はその名の通りあの可憐なカタクリから採取されていました。春植物であるカタクリは、下草の採取が慣行されていた当時の明るい里山には普通に生えてくる植物でしたが、近頃の暗い里山林では澱粉を採取するどころか、花を楽しむことすら難しくなっています。しかし、強度な抜き伐りにより林床を明るくすれば、カタクリが復活・拡大する可能性は十分にありますので、究極の片栗粉復活も夢ではないでしょう。

トチの実は、栃餅の原料として今でもその採取が続いており、例えば山形県の旧朝日村などでは地域のご婦人方が栃餅の生産・販売に積極的に携わることにより、地域が活性化しているそうです。またナラ類のドングリは渋みが強く食用には向きませんが、シイ類、特にツブラジイ（コジイ）やスダジイの実は美味です。

また、ヘーゼルナッツの仲間であるハシバミやツノハシバミの実は、昔から山の味覚として知られており、9月の実は生食で、それ以降でも炒ることで美味しくいただくことができます。

表5-1　昭和20年代のわが国の主な特用林産物

用途・成分	林産物
① 澱粉・脂肪	クリ、クルミ、葛粉、ワラビ、片栗粉、ナラ・シイ・トチの実
② その他食品	ワサビ、干ゼンマイ、筍、ふき、カエデ糖
③ 菌　蕈　類	椎茸、松茸、榎茸、滑子、シメジ、木耳、初茸、松露等
④ 繊　　維	棕梠皮及び棕梠葉、三椏及び楮皮、竹材及び竹皮、葛蔓、槙肌皮、シナノキ樹皮、ブドウ蔓等
⑤ タンニン	カシワ樹皮、ヤマモモ樹皮、ノブの根皮、ツガ樹皮、シイ樹皮、赤松樹皮、クリの樹皮、ヤシャブシの実、五倍子等
⑥ 染料	五倍子、カシワ樹皮、ヤマモモ、クチナシの実、黄蘗、ズミ汁、柿渋、カリヤス、ハマナス根皮、山藍、紫根、醋酸鉄等
⑦ 建材等	竹材、桐材、アベマキ樹皮、キハダ樹皮（コルク代用）、杉及び檜皮、ホオノキ皮、桜及び樺皮等
⑧ 油脂及び蝋	桐油、木蝋、椿及び山茶花油、カヤ油、オリーブ油、トリモチ、漆核油、櫨核油、
⑨ 樹脂及び塗料	松脂、漆油、松根タール
⑩ 精油	テレピン、松根油、クロモジ油、杉・檜油、樟脳・樟脳油、白樺油等
⑪ 飼料	ニセアカシヤ、ハギ、ポプラ、イタチハギ、シラカバ、イタヤカエデ、クズ、ウマゴヤシ、シンジュの葉、アオキの若い枝葉、フジ、ススキ等
⑫ 薬用	黄蓮の根、ゲンノショウコ、桔梗の根、センブリの茎及び葉、ニワトコの花、トウキの根、半夏の塊茎、リンドウの根、キハダ樹皮
⑬ 緑肥用	ニワトコの葉、ウツギ、ミツバウツギの若い枝葉、ヤマアジサイ、ムラサキシキブの若い枝葉
⑭ その他	タブの葉、杉葉、松煙、酢酸、酢酸石灰、木タール等

参考：伊藤清三「特殊林産物の需給と栽培」（1951）6)

写真5-3
春植物のカタクリが紫の花を開花させている。強度な抜き伐りにより林床を明るくすれば、カタクリが復活・拡大する可能性は十分にある

② そのほかの食品
―畑ワサビ、メープルシロップ

ワサビの生産には清流が必要との印象がありますが、最近人気の畑ワサビ（葉ワサビ）は、例えば岩手県岩泉町ではアカマツ林内で栽培していますし、これ以外でも全国各地でスギ等の針葉樹林内で栽培が行われるなど、里山林でも十分栽培できます。ただし冬でも緑を保つことから、シカが生息する地方では彼らの格好の標的になるので、その対策は十分に施す必要があります。

カエデ糖は、主にイタヤカエデなどから採取される樹液、つまりメープルシロップです。私たちが食べているこの甘い液体は、ほぼ100％輸入品でしたが、最近では例えば埼玉県秩父地方などで地域が連携して地場産メープルシロップの振興に取り組んでいますし、栃木県日光市の霧降高原などでも、樹液を使った創作料理を模索したり、地元の大学生などとのシロップ採取体験をＰＲするなどしています。今後もこの国産カエデ糖は話題を集めることでしょう。

③ 菌蕈類（キノコ）
―原木、菌床用材

菌蕈（きんじん）つまりキノコは、多くの国産特用林産物の消滅が危惧される中、ほぼ唯一現在でも国産品の生産量が保たれている数少ない産物です。そしてこの陰には、例えばシイタケだけではなく、マイタケであったりブナシメジ、エリンギなどと、その時代の需要に合わせて、栽培種目を変えてきた関係者のご努力があったことは見逃せません。

このキノコを生産するのに必要な原木や菌床用材として、コナラやクヌギ、そしてサクラやシデなど里山林の主要樹種が活用されており、新潟県や長野県にある大手きのこメーカーでは、これらの原木を毎日大量に買い入れしています。これにより、ややもすれば廃棄物になる伐採木が有価物になっており、まさに広葉樹林業の救世主です。このきのこ業界の発展なしに里山林の再生はないと言っても過言ではありません。

④ 繊維
―シュロ、和紙、しな布など

屋敷林でお馴染みのヤシ科植物と言えば棕櫚（シュロ）です。昔はこの樹皮で家庭用の箒を作るのは当たり前で、現在でも例えば和歌山県などで少量ながら国産シュロ箒が生産されています。市販されている輸入品と比べると確かに高価なのですが、価値ある本物の一品であることは間違いありません。

また、江戸時代には国を挙げてその生産が振興された茶・桑・漆そして楮（コウゾ）の「四木」のうち、紙の原料である楮や三椏（ミツマタ）は、古くから多くの地域で農家の重要な収入源になってきました。現在でも例えば茨城県大子町などでコウゾ生産は続いてはいるものの、そのほかの多くの国産特用林産物と同様に

写真5-4
アカマツ林内で栽培される
畑ワサビ（岩手県岩泉町）

写真5-5
地元の森から採取したカエデ
樹液（メープルシロップ）を使
った製品（埼玉県秩父市）

（写真・全国林業改良普及協会）

写真5-6　和紙原料となるコウゾ生産地での収穫作業

写真5-7　剥皮前のコウゾ

消滅の危機にあることは否めません。そのような中、高知県の製紙会社が良質なコウゾの施設栽培法を開発し、さらにその剥皮等の工程の機械化に成功しました。和紙を通して明るくやさしい光が見えてきた気がします。

ミツマタは、明治時代には国土地理院が地図記号で示すほど全国的に栽培され、紙幣等の原料になっていました。しかし、現在の国産ミツマタは北九州や中国地方等のごく一部で生産されているにすぎず、私たちの財布に入っている（私は大して入っていませんが）日本銀行券の原料は、ほとんどがネパール等からの輸入品なのです。是非ともミツマタ生産を再興し、純国産紙幣を復活させたいものです。

シナノキの樹皮からは、しな布と呼ばれる繊維が採れ、新潟県や山形県等一部の地域には、この繊維を衣類や帽子、小物入れなどに編み出す技術が残っており、貴重な特産品になっています。近年ではこの樹皮を繊維に加工する体験教室、さらにはそれをメニューに組み込んだエコツーリズムなど、伝統的特用林産物を存続させるための模索が始まっているようです。化学繊維が普及している現代では、苦労してシナノキから繊維を作る必要はないのですが、私たち人間には自然素材を求める本能が残っているのでしょう。

⑤タンニン

タンニンは現代でもいろいろな需要があるようなのですが、その生産状況や流通経路ははっきりしません。例えばウルシ科のヌルデをアブラムシが刺傷することによってできる虫こぶを乾燥させた五倍子（ふし）は、昭和初期までは岡山県等で多く生産されていたとの記録を最後に、その後はどこでどのように生産されているのか分かりません。この他、クリやアカマツの樹皮、ヤシャブシの実等にもタンニンが豊富に含まれているようです。

⑥染料

タンニンと同様に染料の原料もその流通ルートは謎です。それなりの需要があるのだとすれば、林業経営の一助になるはずですので、ぜひともそのルートに参入してみたいところです。

⑦建材等

昔は建材としてアベマキ、キハダ、ホオノキ、サクラ類など数々の樹皮等が使われていました。建築様式の変化でこれらの需要はめっきり少なくなりましたが、今でも数寄屋建築などには必需品であることには変わりありません。建材こそ各種樹木の個性を存分に活かせる用途ですので、来るべき需要に備えて多岐の良質材を育成・確保しておくのも、林業の重要な責務です。

写真5-8
ミツマタは、紙幣用紙原料に使われる

写真5-9
ヌルデの虫こぶ。乾燥させると五倍子（ふし）になる

コラム

「国産コルク」

アベマキ樹皮はコルクの代用品として、特に戦時中には中国地方を中心にかなりの量が生産されていました。例えば現在自動車メーカーとして有名なMAZDAの始まりは東洋コルク工業というコルク会社だったそうです。今ではほとんど輸入品になってしまったコルクですが、西日本では多くのアベマキが大径化しており、樹皮の蓄積量は十分なようなので、国産コルク復活も夢ではないかもしれません(ということでMAZDAさん、自動車の内装等に国産コルクを使ってみるというストーリーはいかがですか?)。

写真5-10　アベマキの樹皮

⑧ 油脂及び蝋
―植物油、ウルシ、和蝋燭

キリ、ツバキ、カヤなどの純国産植物油は、極めて少量ながら現在でも生産されており、知る人ぞ知るこだわりの一品として販売されています。

またわが国伝統のウルシは、岩手県を中心に生産が続いています。そしてハゼは灯火が長く保たれとても明るい和蝋燭（ろうそく）の原料になります。ハゼの主要生産地の1つである佐賀県では地元の女性グループが生産を再開したとの嬉しいニュースがありますし、噴火による被災で一時は生産が危ぶまれた長崎県普賢岳付近でも、地域関係者のご努力により、生産体制が徐々に回復しつつあると聞きます。明治時代にはミツマタ同様に地図記号ができるほど各地で栽培されていたハゼが、再び各地で見られるようになるかも知れません。

⑨ 樹脂及び塗料
―ロジン、インキ

松脂（まつやに）は、マツの樹皮にウルシ掻きをするように溝を掘り、したたり落ちるヤニを集めた、ロジンとして知られる用途多様な植物系の油分です。わが国では特に油が不足した戦時中に各地で盛んに採取され、当時の苦労を物語るかのように、採取痕のある古木アカマツが各地に残っています。

この松脂の需要は現在でも例えば滑り止めのロジンバックやインキの原料などで続いているのですが、わが国で使われている松脂はほぼすべて中国の馬尾松（バビショウ）から採られているそうです。何とかしたいものです。

⑩ 精油
―エッセンシャルオイル、香料、防虫剤

樹木から出る油分は、心地良い香りであることが多く、昔から香水や石鹸などに利用されてきました。中でも葉がついたまま採取した枝を蒸留することによってできるクロモジ油は、烏樟（ウショウ）とも呼ばれ、江戸時代初期から伝わる有名な生薬の成分でもあります。山口市などでは山林所有者と企業が連携してクロモジ生産が行われていますし、過去には輸出までされていた香料としての特徴も再び注目を集め始めています。さらにエッセンシャルオイルとしての人気も急上昇するなど、オイル、薬用、香料等の多様な用途があるクロモジは今後特に要チェックです。

クスノキはその葉を水蒸気蒸留すれば防虫剤として知られる樟脳（しょうのう）が得られることから、明治末期には専売の対象になるほど各地で造林されました。しかし石油製品に押され、現在では九州等のごく一部でしか樟脳生産は行われていません。高級衣類や人形などの防虫には、上品な香りの本物の国産樟脳を使いたいものです。

写真5-11
ウルシ掻き作業

写真5-12
ハゼを原料に作られる和蝋燭（ろうそく）

写真5-13
松脂（まつやに）。マツの樹皮にウルシ掻きをするように溝を掘って採取した痕のある古木アカマツが各地に残っている

松根油（しょうこんゆ）は、マツの幹から採取する松脂（まつやに）とは異なり、伐採後10年ほど経った、つまり枯れたマツの根株を掘り出して、乾留することで抽出する油分です。主に太平洋戦争末期に戦闘機の燃料用として生産されましたが、実用化の一歩手前で終戦を迎えたので、結局は使われなかったそうです。今ではその採取や蒸留の方法などは後世に伝えたい貴重な林業技術です。

⑪畜産用飼料

近年では飼料は外国産の種子を牧草地に播いて栽培するのが常識ですが、昔は里山林に隣接して広い面積の草地を確保し、そこに草本を自生させていました。今では駆除の対象とされるクズやフジ、イタチハギなどは当時は重要な資源だったのです。このことからすれば、クズが多い林分ではそれを邪魔者扱いせず、のびのびと生育させることで、国産飼料を生産するのも一案かもしれません。

⑫薬用―キハダなど

センブリやゲンノショウコなど、里山には昔からたくさんの薬用植物が育まれてきました。天然薬と言うと草本ばかりに目が向きがちですが、樹木でも薬効のある種類はたくさんあります。その中でも特に注目すべきは、内皮が黄檗（おうばく）という生薬になるキハダです。現代のキハダ生産は、自然に発生した樹を略奪的に採取しているのがほとんどなので、今のうちからこれを増やしておけば、将来富を生むかもしれません。キハダだけでなく、薬用になる「雑木」は他にもたくさんありますので、里山林経営にはそれらの生産、そして販売先の開拓が大きな鍵を握るものと思われます。

⑬緑肥用

過去にはニワトコ、ウツギ、ヤマアジサイ等の樹種が「緑肥用」として推奨されていました。なるほど、これらは成長が早い上に、若葉の分解速度も速そうですが、さすがにこれらを肥料として復活させ、生産ベースに乗せるのはかなりハードルが高いと言わざるを得ません。しかし、それが凡人の考えで、その中からビジネスチャンスを見つけられるとしたら、「灌木」が資源に変わることでしょう。

⑭そのほか―杉線香

線香の原料はスギ葉との認識が一般的ですが、現在流通している線香の原料はそのほとんどが輸入品です。そしてスギが日本固有種であることを考えれば、残念ながら私たちが先祖に焚いている線香は、外国の名も知らない植物で作られていることになります。

しかし現在でも栃木県日光市や茨城県石岡市等では、地域のスギ葉で杉線香を作る技術と生産体制が残っています。そ

写真5-14　杉線香水車

地域のスギ葉を原材料とした杉線香用の製粉作業に水車を活用する例が存在する。里山をPRする格好の素材であり観光資源ではないか

して感銘すべきことに、その製粉は地域の豊富な水資源を利用して水車で行っているのです。これこそ里山をＰＲする格好の素材と言えるのではないでしょうか。

第六章

収入を上げるために頭に入れておくべきことは何か

里山林から収入を上げるためには、知っておくべきことがいくつもあります。例えば里山林を伐る場合、どのくらいの経費がかかるのか。そしてどうすれば販売収入が得られるのか。スギやヒノキなどの人工林であればある程度の見当は付けられても、里山林となるとその答えには窮するのではないでしょうか。

この章では、最近の林業書ではあまり触れない「売買」や「経費」について考えます。

第1節　材積の測り方―販売の基本

① 里山林の蓄積量

人工針葉樹林であれば詳細な材積表が作成されていますが、多種が混交する里山林の場合はそれが調べられたことはほとんどありません。古い資料になりますが、大正時代に作成された「数種類が混生する里山林の蓄積や本数、胸高直径等」の集計表によれば、現在全国に拡がっている50〜60年生の里山林は、ha当たり200㎥程度の蓄積があると言えそうです(**表6−1**)。

② 伐採木の材積の測り方

末口二乗法(末口自乗法):

木材の体積は、実積、層積そして重量とその用途等によって測り方がいろいろと異なります。「実積」は用材用の原木などを1本毎に測る方法であり、一般的には末口径を二乗し、それに長さを乗じて材積を算出する末口二乗法(末口自乗法)が用いられます。

この計算式を使えば、例えば長さ4mで末口径が30cmの原木は0・3×0・3×4で0・36㎥。同じ長さでも、末口径が90cmあれば0・9×0・9×4で3・24㎥と、そのほぼ10倍になることが簡単に分かります。この末口二乗法は、材長が6m以上の場合には、長さに応じて径を少し太めに補正する計算式に変わります。

写真6-1

様々な樹種が混じり合う里山林の蓄積。50 〜 60年生の場合、ha当たり200㎥程度の蓄積があると推定される

表6-1　標準的な里山林の蓄積量

中央木					林分	
平均年齢	胸高直径	下限胸高直径	上限胸高直径	樹高	本数	材積
年	cm	cm	cm	m	本/ha	㎥/ha
16	3.0	1.5	15.2	4.9	17,635	47.7
22	6.1	3.0	21.2	7.3	5,777	81.0
28	9.1	3.0	27.3	8.9	3,008	109.9
34	12.1	3.0	36.4	10.6	1,387	136.8
41	15.2	6.1	45.5	11.8	1,321	162.6
50	18.2	6.1	54.5	13.1	985	186.4
61	21.2	6.1	63.6	14.4	768	209.7
75	24.2	6.1	72.7	15.5	620	232.1
94	27.3	9.1	81.8	16.4	513	253.7
122	30.3	9.1	90.9	17.5	433	274.7

参考：早尾丑麿編「日本主要樹種林分収穫表」（1933）62)
尺貫法の「内地一般雑木林平均収穫表」をメートル法に換算
※なお、原文には「材積は幹材及び枝条であり、全材積としては僅かに過小」の注釈あり

写真6-2
「実積」は用材用の原木など、単価の高い原木を1本毎に測る方法。
一般的には末口二乗法（末口自乗法）が用いられる

層積：

層積は「棚」を単位に空隙（くうげき）も含めた容積を算出する方法で、低質材や炭材などの細い材の材積を測るときに用いられてきました。この棚の規格は、ロクロクと呼ばれる3尺（90cm）の長さの材を6尺（180cm）四方に積む場合が多いものの、その半分のサブロク（3尺×6尺×3尺）や、場合によっては2尺の材を5尺×10尺に積むなど、地域や用途によってそのスケールがかなり異なります。さらにこの棚を材積に計算する際の係数も多少異なるなど、層積とは材積というよりは、積み方によって空隙の割合がある程度変わることを見越した、その土地の取引きでの慣例的な単位と考えるべきです。そして当然ながらその容積は生産者の誠実さや良心によって、多少変化することになります。

重さ（トン）で取引きされるチップ用材：

製紙やバイオマス等のチップ用材は、体積（m³）ではなく、重さ（t）での取引きが一般的で、トラックのまま台貫（トラックスケール）に乗って、重量を測り、それに係数を乗じて材積を計算します（**写真6-5**）。

初めての取引きの際に注意しなくてはならないのは、販売側は木材の比重は0・7程度なので、1tを材積に換算すれば1・4m³くらいあるはずだと思ってしまうのですが、この業界では、重量のうちの多くは水分であり木材ではないと見なし、広葉樹原木1tは0・7m³前後と換算するのが常なのです。

このため、例えば単価が1万円／m³として交渉がまとまった材が10tと計測された場合、販売側は14万円程度を見込んでも、受け取った伝票は7万円だったということも十分に起こりえます。記念すべき取引きが苦い経験にならないように、チップ材の取引きの際にはこの材積換算の係数がいくつなのかを事前に確認しておきましょう。なお、最近ではこのトラブル解消の意味も込めて、1tいくらでの取引きも増えているようです。

写真6-3
炭材クヌギの層積
（3尺×3尺×3尺）

写真6-4　発電用チップ材となる大量の原木は重さ（t）で取引きされる

写真6-5　台貫（トラックスケール）。トラックのままこれに乗って重量を測る

③ どの長さで切るか
―採材方法

伐倒した木を山から運び出すためには、適当な長さに材を短くしなくてはなりません。重さで取引きされるチップ用材は、この材長は単価に影響しないので、トラックの荷台の幅である2m程度に玉切りするのが普通です。

　これに対し、建築用材等になるいくつかの樹種は、多くの場合3m以上あるか否かで単価がかなり変わってきますので、多少運材の手間が増えても、長尺で採材することをお勧めします。なお材長は「寸」を基本とした昔ながらの2・1m、4・2mが定尺の場合と、基本的にはmを単位としつつ、20cm毎も認める場合、さらにケヤキのように10cm単位で計測する場合など、いろいろなケースがあります。いずれの場合も忘れてはならないのが余長いわゆる「のび」です。少なくともこれは2～3m材では5cm程度、それ以上であれば10cm程度が必要とされ、切断面が斜めになっている場合はさらに長くした方が安心です。

コラム

「サバ止め」

　ケヤキのように枝が横に張る樹種は、そのまま倒すと枝の股の部分から幹に割れが入ってしまうので、伐倒前に枝を落とすことがあります。そしてこの股を残す切り方であれば、木口からの乾燥割れが幹に及ぶのを防ぐことができることから、木材市場に並ぶケヤキ材の末口は二股になるのが一般的です（**写真6-6**）。この場合の材の長さは、心材が二股に分かれたと思われる箇所までに戻されますので、形状によっては木口から1m以上も短いこともあります。

　なお二股になる切り口が魚の尾に似るので、木材業界ではこの切り方を「サバ止め」と呼びます。なぜ他の魚ではなくサバになったのかは分かりません。

写真6-6
ケヤキ材のサバ止め。矢印部分までが認定長となる

写真6-7

残念にも２mで採材されたケヤキ原木。建築用樹種は、多くの場合３m以上あるか否かで単価がかなり変わるので、本来なら長尺で採材した方が良い

写真6-8

枝下が長いので６m以上で採材できたケヤキ

第2節 材として販売するには

昔はこの山林評価の技術は、多くの素材生産・製材関係者に培われていましたが、残念なことに近年ではこの業界の簡素化が進んでしまい、評価のための知識や経験、さらには売り先自体が失われつつあり、なかなか難しい現状にあることは否めません。

① 仲買（仲介）業者に販売を頼む

木材を販売する際には、なるべく高く買ってくれる相手を探したいのは山々です。しかし、森林所有者自らが見つけるのはとても大変ですので、多岐に渡る広葉樹の販路を知る専門家である「仲買業者」を探した方が良い場合が多いようです。優秀な仲買業者は、この木はツキ板として○○に、そして造作材にできそうな部分は□□に、そのほかはチップだろうが多くは菌床用になるので△△に売れそうだ、などと売り先をいくつも考えた上で、どうすれば依頼主に対してお金が戻せるか、赤字になる場合でもどうすれば支出を少なく抑えられるか知恵を出してくれるはずです。

② 原木市場に出荷する

大径材または同一樹種で材積がまとまる場合には、思い切って原木市場に出材してみるのも一案です。市場であれば、主催者が買い手を周辺各地から集めてくれます。そして良い市場であればあるほど多種多様なお客が集まり、出品材が正当に評価される可能性が高まります。

市場に出材された材がどの程度の価格になるのかを知るには、広島県森林組合連合会の「ひろしまウッドプレイス」http://www.hirolog.com/や、岩手県森林組合連合会のhttp://iwamori.jp/WoodDeal/Login.aspxがとても参考になります。これらのＨＰは管轄する市場での取引き結果を、過去に遡って樹種や規格別に閲覧できる優れものです。

市場に出した場合は、市場までの運材費は無論のこと、そのほかに市場への手数料が必要になります。この手数料は市場によって多少異なりますが、販売と椪(はえ)積み手間を合わせると、落札価格の1～2割になると考えておきましょう。ただし、一昔前まで当たり前だったこの市売りも、材価の低迷等により最近は苦況に立たされていることが多いようです。特に広葉樹主体の市場は全国でも数えるほどしか残っていません。数多くの森林所有者が、多くの良質な広葉樹を出材することで、何とか木材市場を盛り

写真6-9

材の販売先としての仲買事業者。樹種毎に分別されたストックヤードがあり、様々な広葉樹の販路を知る専門家でもある

上げたいものです。

③ ネットで販売する

市売りに代わり最近多くなってきた取引きがネット販売です。この方法であれば、全国さらには全世界の買い手に対し、原木はもちろんのこと板1枚、枝1本でも売買することが可能です。この売買は以前は現物を見ることなく買い物するというリスクが指摘されていましたが、最近ではいくつもの角度から撮影した画像を添付するなど、売り手が工夫を凝らしている場合も多く、その課題もかなり解消しつつあるようです。これらのことから、今後さらに普及する販売システムであることは間違いないでしょう。林家が販売可能な樹木を広く発信し、それを必要とする人に値を付けてもらう。「こんな木はありませんか」とか「この木売ります」などの商談ができるようになり、里山林の価値がさらに高まる時代はすぐそこまで来ています。

④ 材の相場を知る
―値段のしくみ

広葉樹材は「ケヤキは高く、雑木は安い」ことは常識ですが、どのようなケヤキでも高く売れるわけではなく、また「雑木」と言われる木に高値がつくこともしばしばあります。広葉樹材の価格形成はとても難解であり、この究明のためにこれまで何度も樹種毎の径と長さ等の関係が研究されてきました。しかしこの価格形成の仕組み解明には到らず、結局は「一部の専門家にしか分からない世界」としてうやむやになっています。ところが林進氏は昭和60年に発刊された中山哲之助編著「広葉樹用材の利用と流通」（1985）[55]の「第4章　広葉樹用材の価格形成機構」でこの仕組みを見事に解き明かしています。

「過去に取引きされた樹種毎の単価をいくらいじくり回してみても、それだけでは価格形成の仕組みは明らかにはならない。樹種やその丸太に序列があるのではなく、買い手が価格をつけ、それを並べてみた時に結果的に序列化できる。言い換えれば買い手のつくる商品に価格序列が表れる。」

この場合の買い手とは、その材が大径材であれば、例えば社寺建築等を専門とする建築屋、そして美しい杢が期待できる材であれば銘木屋や突板屋、さらにやや小径でも建具にできる良材であれば造作屋になるでしょう。

また買い手のつくる商品とは、大まかに分ければ、それら原木の単価順に「ツキ板・造作材」「構造材・挽材」「梱包材・きのこ菌床用」「薪・パルプ・発電用」になるものと思われます。そして、この区分や序列は時代の趨勢（すうせい）によって変わることは言うまでもありません。現に近頃では発電用が高騰を続けており、これに伴ってパルプ用や菌床用の価格が上昇する傾向にあります（**表6‐2**）。

さらに林氏は、次のような言葉も紹介しています。

表6-2　用途別序列

単位：円／㎥

順位	用途1	用途2	用途3	安値	高値
1位	ツキ板	造作材		30,000	100,000
2位	構造材	挽材		10,000	30,000
3位	梱包材	きのこ菌床		5,000	15,000
4位	薪	パルプ	発電チップ	3,000	10,000

「買い手は丸太を買うのではなく、自分のつくる製品の原料を買っている。例えばツキ板、これはツキ板用だからツキ板屋が買うのではない。ツキ板屋が買ったからツキ板になるのだ。」

　なるほど、確かに売り手が「この材は○○に使えるはずだから、それ相応の値で買ってくれ」と言ったところで、その材の用途を決めるのは買い手なのですから、買い手の望む商品にならなければ値は付きません。

　さてそこで「ケヤキは高く、雑木は安い」理由を考えてみましょう。ケヤキは単価が高い大径の柱や杢が出るツキ板にできるケースが多く、その業界の目利きたちが競り合うことで単価が数十万円／㎥になります。そしてそれらの業者の眼鏡にかなわなくても、次の買い手として構造材に使おうとする業者、それでもだめなら次の業者へと買い手が変わっていきます。

　これに対しその他の「雑木」は、何か大きな特徴でもない限り、最初から大量購入を受け入れてくれるチップ業者に流れるレールが敷かれており、良材でも銘木屋やツキ板屋の目に触れる機会はほとんどありません。このことから玉石混淆（ぎょくせきこんこう）の里山林は、多くが玉（ぎょく）であったとしてもすべて石（せき）として評価されてしまうのです。これでは高値にはならず「雑木は安い」になるのは当然です。何とかその他の樹種も優秀な目利きたちが評定する土俵に上げてあげたいものです。

⑤ 銘木とは

　JIS規格の銘木とは「1.材質又は形状が極めてまれであるもの、2.材質が極めて優れているもの、3.鑑賞価値が極めて優れているもの」とされています。また、㈶日本住宅・木材技術センターは、より具体的に「1.材面の鑑賞価値が極めて高いもの、2.材の形状が非常に大きいもの、3.材の形状が極めて希なもの、4.材質が特に優れているもの、5.たぐいまれな高齢樹、6.入手が困難な天然木、7.たぐいまれな樹種、8.由緒ある木」などを銘木と呼んでいます。いずれも一定の条件があるわけではなさそうですが、ある程度の高齢木ではないとこの域には達しないようです。

　さらにケヤキ等は原木だけでなく、一度ノコギリを入れ半製品になって杢が現れた時点で銘木だと分かったり、さらにはそれが鴨居などの製品になってから初めて銘木と呼ばれるケースなどいろいろあります。このため原木の段階は、いわば宝石の原石のようなものであり、素人は樹齢や形状だけではその価値を計る術もありません。

　つまりこの銘木とはほぼ芸術品であり、その価値を認め、欲しいと思った人がそれにいくらの値を付けるかによってその価値が決まるのです。このことから伐採した木を銘木として売るには、（高いであろう）その価値を認める買い手をいかにして見つけるかにかかっていると言えます。

表6-3　樹種別㎥単価十傑

順位	樹種 ※1	長さ m	末口径 cm	㎥単価 万円	地域 ※2	時期 ※3
1	カキノキ	2.0	30	833.3	茨城	2016/11/18
2	ケヤキ	7.0	142	114.5	岐阜	2015/11/25
3	マツ	7.0	78	97.3	愛知	2015/4/24
4	クリ	6.0	66	82.1	岩手	2015/11/19
5	トチノキ	2.1	86	75.0	岐阜	2015/10/9
6	サクラ	1.8	88	45.0	岐阜	2016/6/14
6	セン	2.6	72	45.0	岐阜	2016/9/14
8	キハダ	4.2	70	40.0	岐阜	2015/11/25
9	キリ	3.5	51	39.9	秋田	2016/6/29
10	ミズナラ	4.4	72	36.0	愛知	2016/1/26

※1：スギやヒノキ等を除く
※2：市が行われた場所であり、生産地とは必ずしも一致しない
※3：市日もしくは日刊木材新聞掲載日であり、伐採時期とは一致しない

なお「里山」という言葉の意味がそうであるように、この「銘木」の解釈も時代の流れによって大きく変化してきた歴史があり、例えば江戸時代はどんなケヤキも銘木とは呼ばれてはいなかったそうです。このことを考えると、将来どの樹種のどのような形状が価値を生むかを予測し、確かな先見の明を持って、多くの「銘木の卵」を次代に引き継ぐのも私たちに課せられた使命かもしれません。参考までに最近の市場での高価落札例を示しました（**表6−3、表6−4**）。先人達が残してくれたプレゼントと言えるでしょう。現代の平凡な里山林に生える高木では、このような高額取引きは難しいでしょうが、捕らぬ狸ならぬ「伐らぬ立木」の皮算用で、将来のイメージトレーニングをするのも経営者として必要な時間のはずです。

⑥ 人気の薪用原木は

最近は薪ストーブが人気になってお

表6-4　樹種別1本単価十傑

順位	樹種 ※1	長さ m	末口径 cm	１本単価 万円	地域 ※2	時期 ※3
1	ケヤキ	6.4	184	2200.0	岐阜	2015/3/13
2	トチノキ	4.2	108	269.4	岐阜	2015/11/25
3	クロマツ	8.6	70	222.9	福島	2009/秋
4	クリ	6.0	66	221.1	岩手	2015/11/19
5	カキノキ	2.0	30	150.0	茨城	2016/11/18
6	アカマツ	6.0	76	124.5	福島	2012/春
7	キハダ	4.2	70	82.3	岐阜	2015/11/25
8	ミズナラ	4.4	72	82.1	愛知	2016/1/26
9	カツラ	6.2	72	73.6	愛知	2016/1/26
10	ポプラ	4.0	86	70.0	茨城	2016/7/29

※１：スギやヒノキ等を除く
※２：市が行われた場所であり、生産地とは必ずしも一致しない
※３：市が行われた時期であり、伐採時期とはおそらく一致しない
：市日もしくは日刊木材新聞掲載日
福島はhttp://genbokucenter.com/preciouswoodより

写真6-10
乾燥中の薪。こうした作業時間も薪材生産コストアップにつながる

り、アウトドアショップなどでは結構な値段で薪が売られているためか、「広葉樹は薪にするのが一番」という言葉をよく耳にします。しかし薪が高いのは、原木を割る、雨ざらし等によってアクを抜く、その材を1～2年かけて乾燥させる、そして最も大変な販路の開拓などに手間がかかるためであり、決して原木が高く買い入れされているわけではありません。

また運搬のコストが高いので、近距離への大量輸送ができるか否かが収益の大きなカギを握るようです。

参考までに薪や薪用原木の買い取り例を紹介します（**図6-1**）。

種類	大きさ等（参考図１）		買取価格等（参考図２）	
	長さ	形状	樹種	買取価格
薪	36㎝程度（±２㎝以内）	割薪（長辺８～15㎝）	広葉樹全般	9,000円／㎥（層積）
			カシ	14,000円／㎥（層積）
			サクラ	10,000円／㎥（層積）
原木	36㎝程度	（割っていない状態）直径８㎝以上	広葉樹全般	5,000円／㎥（層積）
			カシ	8,000円／㎥（層積）
			サクラ	6,000円／㎥（層積）

参考図１：薪・原木の大きさ等

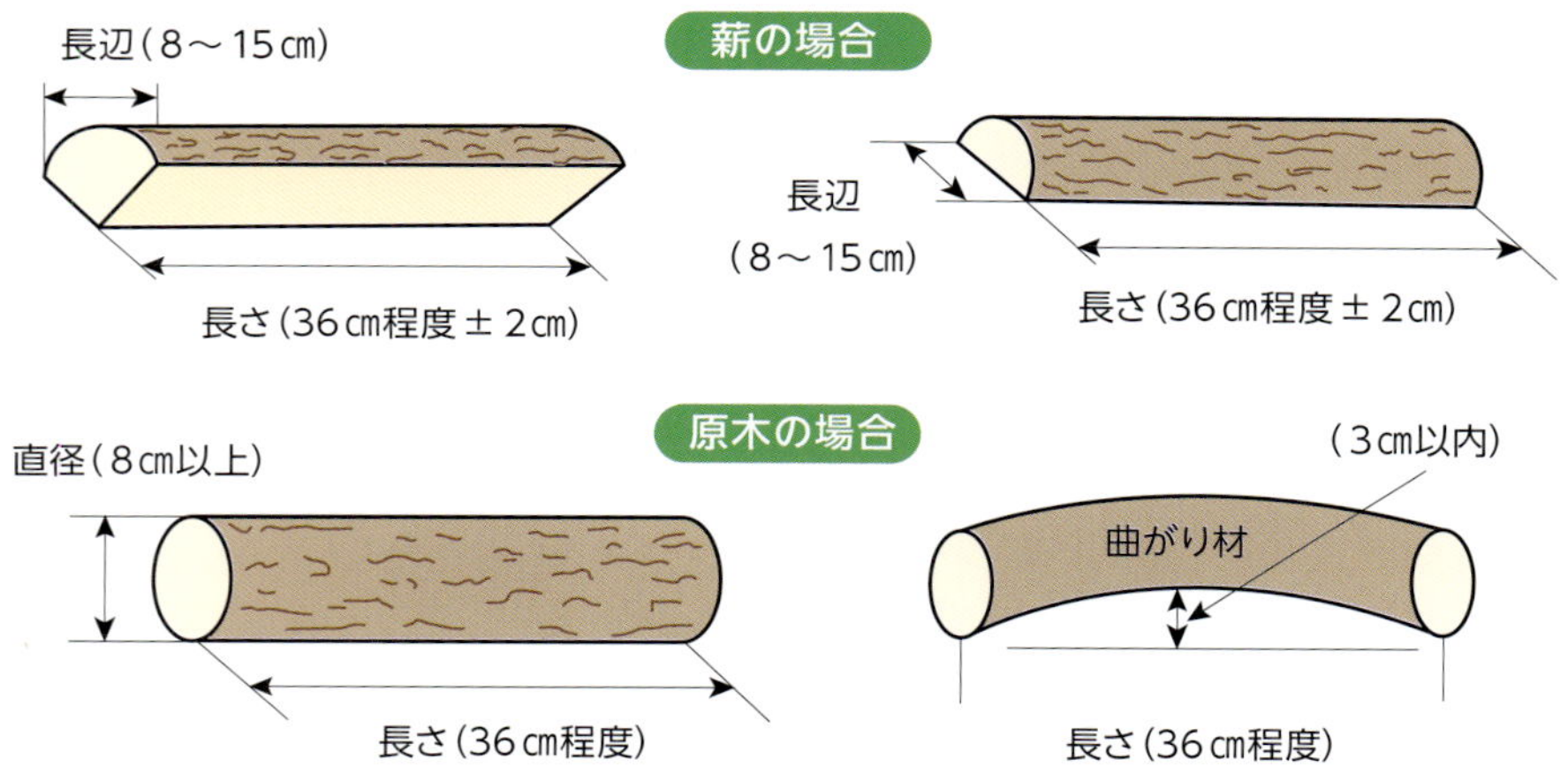

参考図２：層積について（原木の例）

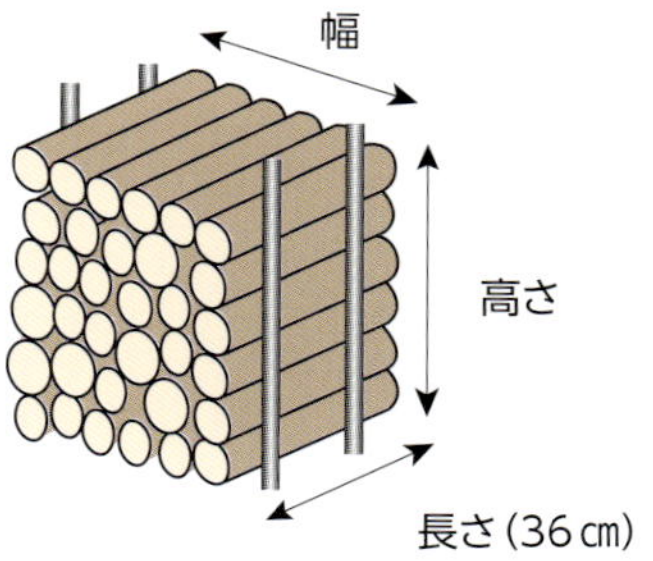

左の図で、幅1.0ｍ、高さが1.0ｍの場合の層積は、
1.0×1.0×0.36＝0.36㎥　　となります。
層積の材積をカシ材60％、その他を65％で
空間をそれぞれ40％、35％で換算します。

図6-1　薪・原木の買取単価等の一例

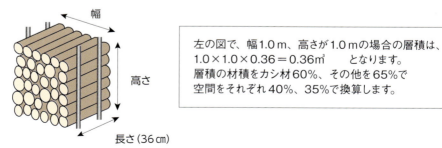

写真6-11
材の欠点とされる目まわり（孤立木が強風を受け続けた際などに生じる年輪に沿った内部割れ）。構造材用としては大きく値が下がる要因となる

⑦ 材の欠点

高値で取引きされるケヤキ等の質を見分けるには、その道の専門家の眼力が必要で、簡単に解説できる世界ではありません。このためここでは一般的に言われているポイントを簡単に列挙します。

当然ながら腐れや傷等は少ない方が良く、目まわり（孤立木が強風を受け続けた際などに生じる年輪に沿った内部割れ／**写真6－11**）も材の強度に影響するので、構造材用としては大きく値が下がる要因になります。また伐採時期を誤るとカビの原因等にもなります。

ただし、重さで取引きされるチップ材等の場合は、材質が問われることはなく、例え腐っていても単価は変わらないことが多いようです。

第3節
伐採に必要となる経費

①郊外での伐採経費
―1ha当たり100万円が目安

里山林の伐採にかかる経費は、その条件によって大きく異なります。一番お金がかからないのは、所有者自らが伐採から搬出、販売を行うことです。しかしこれができるのはごく一部の「自伐林家」だけで、森林所有者の多くは専門の業者に伐採を委託することになるはずです。このための経費は、郊外であれば奥山で行われている通常の人工林伐採と大差はなく、森林組合に委託した場合1haにつき100万円程度あれば足りると思われます。

ただしこの単価は施業面積が1ha程度以上保てる場合であり、0・1haならばその10分の1の10万円で済むかといえば、その分効率が悪くなるので経費は割高になります。

なお、郊外であれば林内に残材を静置しておいても問題は生じないので、処理費は考えなくても良いはずです。

②市街地での伐採経費
―郊外より高額に
（130頁、図6‒2）

市街地の屋敷林の場合は、必ず近くに家や道がありますし、林縁には電線が張られているなど、伐倒にはたくさんの制約がでてきます。そしておそらく近くには森林組合や素材生産業者がいないので、作業は造園関係の業者に頼むケースが多くなるのではないでしょうか。

この場合、伐採経費の見積もりは「面積」ではなく、「本」毎に算出されるのが常です。1本につき数千～数万円はかかるので、100万円／haでは足りないどころか、大型のクレーン車を使って吊るしながら伐る場合、1本を伐採するだけで100万円かかることもめずらしくありません。そこまで高額ではないにしろ、樹高20mの木を1本伐採するには、難易度が平均的だった場合でも、20万円位かかるのは普通なので、伐採木が1本ならまだしも、これらが何本もあったらたまったものではありません。このことから伐採する本数が多い場合は、なるべく面積単位で見積もってくれる業者を探すようにしましょう。

写真6-12　林業機械を使った材の搬出作業

写真6-13
市街地で行われる大型のクレーン車を使って吊るしながら伐る作業

基本となる算定式

①		②		③		④		⑤
高さ	×	基本料金	×	難易度	＋	特殊機材	＋	処理料
m		5,000円		0.5 ～2		条件次第		2万円/t

①：高木の樹高は一般的には15 ～ 20m。ケヤキは30mもあり。
②：高さ20m×5,000円で、料金10万円が基本。
③：通常は1だが、容易なら0.5掛け。難易度が高いと2倍。
④：高所作業車使用だと3万円増し。小型クレーンで5万円。
クレーンが大型になるとそれだけで10万円超も。
⑤：一般的な高木の枝葉は3～5 t程度。つまり6～ 10万円。

ケース1　周囲に支障物がない平地に立つ、高さ２０mの樹木。
クレーン等は不要で、枝葉はその場で肥料化した場合。

20 × 5,000 × 1 ＋ 0 ＋ 0 ＝**100,000**円

ケース2　周囲に支障物があり大型クレーンが必要。高さ２０m。
５t発生した枝葉の処分まで頼む場合。

20 × 5,000 × 2 ＋ 100,000 ＋ 100,000 ＝**400,000**円

図6-2　立木の伐採経費の見積もり例

③ 伐採木及び残材の処理経費
—残材処理経費もかかる

市街地では残材は搬出することになり、そしておそらく廃棄物として処理するケースが多くなります。このため伐採だけでなく処理の経費も計上する必要があり、この経費は樹高が20mの場合、5～10万円になることも頭に入れておくべきです。第四章でも述べましたが、単なるゴミではなく、とにかく資源にできるルートを有する業者を見つけることが経費節減の秘訣です。

④ 運材の経費は—3万～5万円（1日当たり）が目安

広葉樹の取引きで注意すべき点の1つが、山土場渡しか指定先渡しか、つまり取引き価格に運搬費が含まれるか否かです。木材はかさばる上にとても重いことから、運材費をどちらが負担するかは取

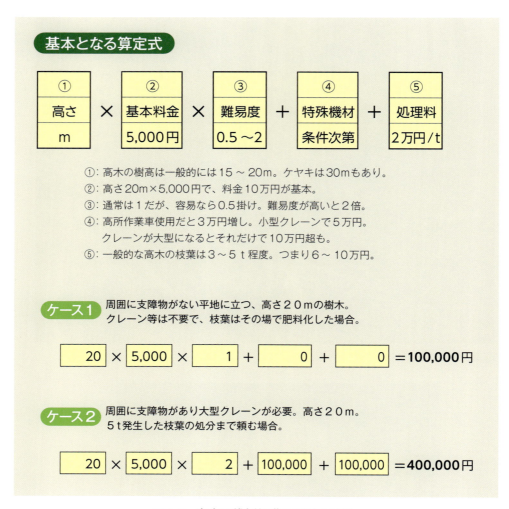

写真6-14　屋敷林で伐採した材を運び出す

引きの上でとても大きな問題です。この経費は、最低でもトラック１台で１日当たり３万円、遠方であれば５万円以上を見込む必要があり、このため例えば大木が１本３万円で売れたとしても、それだけを運んだのでは儲けどころか赤字になるのです。もちろん過積載にならないようにではありますが、１回の積載量は多ければ多い方が経費節減になります。そして売り先が複数に分かれる場合は、できればその売り先毎に満載で運びたいものです。また、当然ながら指定先までの距離は短い方が良く、１日で複数回を往復できる範囲が望まれます。

コラム

［土場］

伐採材を効率的に搬出するには、林内に大型トラックが横付けできる土場（貯木スペース）が必須になります。この広さは、集材と運材を１人で行うのであれば、その日に運ぶ分のスペースを確保すれば良いのですが、これが異なる場合、土場が狭いと材が満杯になったり、運材したくても材がないなどといった不具合が生じてしまいます。これを避けるためには、最低でもトラック２台分、売り先が複数になる場合はさらにそれ毎のスペースを確保すべきです。なおこの土場は必ずしも更地である必要はないので、搬出路沿いを疎林にしてその林床を活用するなど工夫しましょう。

写真6-15

材の搬出には、林内の土場（貯木スペース）が必須。土場は必ずしも更地である必要はなく、搬出路沿いを疎林にしてその林床を活用するなど工夫をしたい

第七章

事例に見る
造林補助金を活用した施業方法

この章では実際にこの造林補助金を活用することで、赤字にすることなく里山林の手入れ（中林施業）が開始できた施業地を紹介します。なお、この造林補助金の活用法については、拙著の「補助事業を活用した里山の広葉樹林管理マニュアル」（2008 全国林業改良普及協会）を参考にしてください。

施業方法、収支、補助金の活用方法の実際

伐採等の経費は、欲を言えば伐採木の販売収入で賄いたいものです。しかし、現在の里山林は用材等を育成するために手入れしてきたわけではなく、薪炭林等が放置されたまま高齢になっている場合が多いのが実情であり、さすがに「伐れば黒字」などという優良林分はごく希です。

このことから額の大小はあるにせよ、赤字は覚悟しておくべきところです。ただし、造林補助金という強い味方もあり、「皆伐」という収穫作業や庭木の伐採では難しいものの、一定条件を満たした抜き伐りであれば「林相改良」の補助要件に該当する場合があるのです。まずはこの制度をうまく活用して林分を改良し、次回伐採する際には補助がなくてもしっかりと収益が望める「林業」にしましょう。

写真7-1　抜き伐り施業開始

写真7-2　伐採施業中

写真7-3　集材の状況

第1節

事例1

アカシデ―コナラ林の造成の事例

① 施業地の概要

【緯度36・767：経度139・900】

施業地は関東平野北部の栃木県塩谷郡塩谷町の樹齢が60年生程度の面積4・8haの里山林です。胸高直径4cm以上の立木本数が約1500本／ha、蓄積は約200㎥／haで、昭和30年代まで薪炭林として活用されていたことから、大径木（胸高直径12cm以上）はコナラやアカシデが多くを占めていました。また小径木（胸高直径4～11cm）は、主にリョウブやアオハダ、ネジキ、低木層はコシアブラなどの灌木類、そして部分的にアズマネザサや天然更新したヒノキ等が見られる状況です。

② 施業方針

この林分の施業方針は上層で用材用の大径木を育成しながら、下層でシイタケ原木が生産できる林分にするために、強度な抜き伐りを行い、その後はコナラ等の天然更新を期待することです。このため中高木は、上層のナラ類は努めて伐採し、用材候補となるヤマザクラやホオノキ等、そしてこれらを保護する副木を残すように心がけました。

また低木層は、基本的に山菜になるコシアブラ以外は除去して、地表に光を当てて天然更新を促進させました。

③ 施業

選木を行った後、平成21年11月に3名のチェーンソーマンとグラップルバックホウ1台及びそのオペレーター1名のチームで伐採を行いました。

伐倒の後、広葉樹は2m、針葉樹は3mに玉切りして、グラップル付きフォワーダを用いて11月下旬から年明けの1月7日にかけて林内土場に集材しました。

この施業地は伐採木のほとんどがきのこ菌床用チップ材だったことから、土場での選別は「きのこ菌床用チップ材のコナラ・アカシデ等」「製紙用チップ材のアカマツ」「用材・杭木用のスギ・ヒノキ」の3種類だけでした。なお、搬出後の林内にはたくさんの枝条が残ったので、念入りに地拵えしました。

④ 施業経費

施業経費は、伐倒及び玉切りなどの「伐採」経費が約47万円／ha、伐採木を林内土場まで出材し集積する「搬出」が

施業の内容　アカシデ—コナラ林

事業収支—全体で10万円／haの黒字（補助金収入含む）
本数伐採率77％（胸高直径4cm以上）の抜き伐り

写真7-4
1　伐採前の林内（2009.8.30）

写真7-5
2　伐採直後の林内（2010.1.16）

写真7-6
3　伐採5年後の林内（2014.11.2）

表7-1　事例1の事業支出　　1ha当たり

	作業員（人）	重機（台）	人件費	重機費	計
伐　採	23.3	3.3	372,800	99,000	471,800
搬　出	8.1	8.1	129,600	243,000	372,600
地拵え	11.9	3.8	190,400	114,000	304,400
計	43.3	15.2	692,800	456,000	1,148,800

表7-2　事例1の収入及び収支の試算　　1ha当たり

	種別	数量	単位	単価	計	備考
販売	コナラ等	113	㎥	5,650	638,450	菌床チップ用
〃	アカマツ	4	㎥	3,000	12,000	製紙チップ用
〃	スギ・ヒノキ	5	㎥	7,400	37,000	杭木等用材
販売計					687,450	
補助金	更新伐	1	ha	493,000	493,000	伐採率30%以上
〃	地拵え	1	ha	179,000	179,000	草丈0.5m以下
補助金計					672,000	

	販売収入	補助金収入	支　出	収　支
収支	687,450	672,000	1,148,800	+210,650

約37万円／ha、林内整理そして更新補助のための「地拵え」が約30万円／ha。合わせて約115万円／haでした。

⑤ 事業収入

販売収入は、1ha当たり概ね120㎥の出材で総額70万円でした。その内訳は、きのこ菌床用チップ材113㎥／ha、製紙チップ用アカマツ4㎥／ha、用材用スギ・ヒノキ5㎥／haと、ほとんどがきのこ菌床チップ用のコナラ材でした。そして取引単価は順に5650円／㎥(山土場渡し)、3000円／㎥(市場着)、7400円／㎥(市場着)でした。

今回の菌床用チップ材は山土場渡しでかなり良い値で買い入れてもらえたので結果的に黒字にできましたが、これが相手の指定先への持ち込みだった場合、単価に運搬経費を加味する必要があります。大型トラックを用いても、その運搬経費は約3000円／㎥なので、庭先渡しであれば山土場渡し単価(5650円)

に3000円を加えた9000円／㎥弱が取引きの目安になるでしょう。

なお当時は今回の施業が、有用樹の優占率を高める「育成天然林改良抜き伐り」として1ha当たり33万円、更新を補助するための「地拵え」も23万円／haの補助に該当しました。現在では補助体系が改正され、出材量によって補助額が変わるようになり、平成27年度の栃木県の場合、70㎥／ha以上の出材ができれば49万円／haの「更新伐」に該当します。これにより販売と補助金を合わせた総収入は、1ha当たり約135万円で、当時でも約10万円／ha、現在であれば約20万円／haの収益を計上できることになります。

里山林施業はとにかく赤字になると思われがちですが、特別な優良林分でなくても、補助金を有効に活用することでこのように黒字にすることは可能なのです。さらに、自治体によっては、作業路を新設した場合、1m当たり数百円程度が助成されるはずです。

⑥ 施業後の立木密度

当施業地は、本数伐採率77％（胸高直径4cm以上）の抜き伐りの結果、立木密度は施業前の1522本／haから344本／haに、蓄積は約200㎥／haから約70㎥／haになりました。優占種であるコナラの大径木（同12cm以上）を中心に上層の6割近くを伐採したことから、林相はアカシデ主体に、またリョウブやアオハダ等の小径木（同4～11cm）のほとんどを伐採したため、施業後の小径木の密度は約50本／haと、かなり見通しが良くなりました。

施業後5年が経過した現時点（施業の内容　アカシデ―コナラ林　136頁、**写真7-6**）では、その後の風雪によって保残木の約2割が倒伏したので、平成26年10月現在で大径木層233本／ha、小径木層39本／ha合わせて272本／haにまで密度が下がっています。ただし欠損した木は、傾いて生育していたアカシデや、副木として残した貧弱なリョウブなどが主だったことから、林相が変わるようなダメージではありませんでした。

⑦ 更新状況

更新伐は伐採・搬出に加え、その後にしっかりと更新が図られる必要があります。そして伐採後一定期間を経過しても各自治体が定める天然更新完了基準に達しない場合は、植栽をしなくてはなりません。

今回は伐採したコナラはほとんどが樹齢60年を超えていたためか、伐採後に萌芽した切り株は全体の約3割程度で、萌芽数は280本／haに過ぎませんでした。これではとても更新基準には達しません。ところが嬉しい誤算で、当初は想定していなかった下種更新の成績がすこぶる順調でした。このことから伐採後3年目以降は実生に目印（リボン）を付け、刈り出しを行った結果、箇所によっては一面コナラの稚樹だらけの状況になり、前生樹として残したコシアブラ

表7-3　**更新稚樹数**（伐採後5年目、高さ30cm以上）　1ha当たり・単位：本

主な樹種	用　途	萌　芽	下　種	補　植	前　生	計
コナラ	シイタケ原木	272	3,017	22		3,311
ヤマザクラ等	用 材	8	431	33		472
モミジ類	庭木等		108	31		139
コシアブラ	山 菜				364	364
計		280	3,556	103	364	4,286

調査日2014.10.26　（伐採：2009.11）

もその後の下種更新を含め（判別が難しいので前生で集計）３００本／ha以上が生育を続けており、山菜採りが楽しめる林況にもなっています。伐採後５年目の地上高30cm以上の稚樹数は、多いエリアで約１万本／ha以上、施業地全体でも約４０００本／haが確保できるに至っています。

写真7-7　伐採前のコナラが優占する林分

写真7-8　抜き伐りによりアカシデが優占する林分に改良

第2節

事例2 ミズキを収穫した事例

① 林分の概要

【緯度36・760：経度139・705】

平成21年6月に日光市森林組合から「今度伐る山は、ミズキが多い」との連絡が入りました。そこは栃木県日光市大桑地内の約0・5haの里山林で、珍しくミズキが面的に成育しているとのことでした。

そして森林所有者の希望は「自分は隠居の身なので、簡単な山作業をする時間はあるが、不用木の抜き伐りは本職に任せたい。将来は多くの人が足を踏み入れたくなるような美しい里山林をつくりたい。そのためには多少の支出をする考えはある」とのことだそうです。早速現地を訪れてみると、確かに樹齢は20～30年生と思われる素性の良いミズキが多数生えています。

② 販路探し

ミズキという樹種は、林縁などで大径に育っていることがあるので、希ではあるものの例えば**写真7‐11**のように原木市場に出材されることがあります。ただしこのケースは、針葉樹中心の木材市場に突然出材されたため、買い手が札を入れることはなく、結局は3800円／㎥でチップ業者に引き取られました。

このように多くの場合あまり高値にならない樹種ですが、トラックに満載できるほどの量がまとまれば話は別です。ミズキは例えば寄せ木細工では貴重な樹種であることから、その原木流通に係わる神奈川県小田原市の製材業者に連絡してみました。その答えは末口径が14cm以上であれば2万円／㎥で購入するとのことでした。運搬費を差し引いても採算は合いそうです。

買い方が末口径14cm以上を求めたのは、製材品は6cmの柾目板が基準になることが多く、これを二枚取りするためには少なくとも14cmが必要だからとのことです。なお、ミズキ以外の樹種では、クロガキやニガキが欲しいとのことでした。

③ 施業

伐採は「とにかくミズキを伐って搬出すること」を基本に、9月上旬に3名で4日間かけて行いました。立木のほぼ半数がミズキであったことから、伐採率は50％程度です。

伐採後に、20本を抽出し樹高等を調べたところ、樹高は12・5～19・9m。胸

ミズキ林施業の内容

事業収支―全体で14万円の黒字（補助金収入含む）
本数伐採率約50％

写真7-9
施業前のミズキ林（2009.6.3）

写真7-10
伐採5年半後（2016.4.22）。
ヤマザクラ主体の美しい里山林になった

写真7-11
原木市場に売りに出された
長尺のミズキ丸太

高直径は14～22cmでした。さらにこのうち6本から得られた数値から「細り」を調べたところ、地際の平均径は20cm、地上高2mでは16cm、同4mが14cm、同6mが12cm、そして地上高8mになると10cm弱になることが分かりました。買い方が求める14cm上は1本の幹から少なくとも2玉、太い幹であれば3玉採れそうです。

その後1カ月ほど葉枯らしをしてから、2名2日間で土場まで搬出し、10月20日に10tトラックと5tトラックの2台で神奈川県に運搬しました。運材した材積は約18・5m³、運搬費は13万円でした。

写真7-12　伐採、採材されたミズキ材

表7-4　事例2の事業支出　面積0.5ha

	作業員（人）	トラック（台）	人件費	トラック経費	計
伐採	12		180,000		180,000
搬出	4		60,000		60,000
運材	2	2	60,000	70,000	130,000
計	18	2	300,000	70,000	370,000

写真7-13　葉枯らし作業

伐採したミズキ材を葉枯らしする作業。この場合、材色のコントロールを目的に行った。自然の白さを求める買い方の注文で、伐採は9月上旬に行い、1カ月ほど葉枯らしした結果、見事に白い材になった

写真7-14　とても白くなった材色

コラム

「葉枯らし」

葉枯らしは、主に伐採木の水分を抜いて軽くすることで、搬出や運搬の効率化を図るために行いますが、一部の広葉樹の場合は材色をコントロールする技術の1つでもあります。今回は自然の白さを出したいとの買い方の注文で、伐採は9月上旬に行い、1カ月ほど葉枯らしをしました。結果は期待通りに白い材になり、買い方の意向に添うことができました。

表7-5　ミズキ材販売内訳表 (栃木県日光市大桑地内0.5ha H21)

直径階 (cm)	長さ (m)	出材数 (本)	材積 (m³)	単価 (円/m³)	金　額 (円)	1本当り (円)
12	2.00	90	2.59	16,000	41,472	461
14	2.00	124	4.86	20,000	97,216	784
16	2.00	104	5.32	20,000	106,496	1,024
18	2.00	38	2.46	20,000	49,248	1,296
20	2.00	22	1.76	20,000	35,200	1,600
22	2.00	8	0.77	20,000	15,488	1,936
24	2.00	4	0.46	20,000	9,216	2,304
26	2.00	2	0.27	20,000	5,408	2,704
計		392	18.51	19,440	359,744	918

表7-6　収入及び収支 (H21栃木県の場合の一例)　　面積0.5ha

	種別	数量	単位	単価	計	備考
販売	ミズキ	18.51	m³	19,440	359,744	寄せ木細工等用
補助金	天然林改良	0.5	ha	300,000	150,000	抜き伐り
収入計					509,744	

	収入	支出	収支	備　考
収支	509,744	370,000	＋139,744	面積0.5ha

④ 収支

結果として**表7－5**のように、末口径14cm以上が15・92m³、末口径14cm未満も2・59m³生産でき、前者が2万円／m³、後者が1万6000円／m³で販売できたことから、合わせて36万円の売り上げになりました。また、この収入だけでは赤字だったものの、造林補助金を賢く導入したことで、最終的な収支を14万円の黒字にすることができました（**表7－6**）。それなりの出費を覚悟していた所有者さんは、美しい林分ができ、さらに収入になったのですから喜んだのは言うまでもありません。

第3節　写真記録　その他の6事例

①コナラ─コナラ林

施業地：栃木県那須烏山市下境

【緯度36・636：経度140・177】

施業年度：平成19年7月

撮影年月：平成28年2月

（伐採後8・5年）

解説：若齢のシイタケ原木林において、不用樹種の除去及びコナラ等の萌芽整理を行いました。伐採直後はひ弱だった萌芽枝も一人前になってきました。

写真7-15

1　伐採作業（2007.7.20）

写真7-16

2　伐採直後の林内（2008.1.15）

写真7-17

3　伐採８年半後の林内（2016.2.21）

②各種―コナラ林

施業地：栃木県那須塩原市
　高林
【緯度36・989：
　経度139・929】
施業年度：平成20年11月
撮影年月：平成27年5月
（伐採後6・5年）
解説：壮齢薪炭林において、大径木を収穫し、萌芽等の更新を促すとともに、コナラの補植を行いました。高木にはホオノキやヤマザクラが成育するモデル的中林になりつつあります。

写真7-18
1　伐採作業（2008.11.5）

写真7-19
2　伐採6年半後の林内（2015.5.30）

③ コナラ―コナラ等林

施業地：栃木県矢板市東泉
【緯度36・832：
　経度139・926】
施業年度：平成22年1月
撮影年月：平成26年8月
（伐採後4・5年）
解説：壮齢薪炭林において、大径木を収穫しつつ、一部のコナラ等を残すことで、下種や萌芽等の天然更新を促しています。

写真7-20
1　伐採直後の林内
（2010.1.13）

写真7-21
2　伐採4年半後の林内
（2014.8.22）

④ クリ—各種林

施業地：栃木県矢板市弓張
【緯度36・844：
経度139・861】
施業年度：平成22年3月
撮影年月：平成27年4月
（伐採後5年）

解説：クリが多い壮齢薪炭林において、大径木を収穫し、コナラの萌芽更新を促しました。中高木層はクリとヤマザクラが多いので、将来は上層で用材、下層でシイタケ原木を生産する林分になりそうです。

写真7-22
1　伐採前の林分（2010.1.25）

写真7-23
2　伐採直後の林分（2010.3.31）
大径木を伐採・収穫し、コナラの萌芽更新を促す

写真7-24
3　伐採5年後の林分（2015.4.29）

⑤ コナラ―モミジ等林

施業地：栃木県塩谷郡塩谷町田所（柿木）

【緯度36・756：経度139・894】

施業年度：平成23年3月

撮影年月：平成28年6月（伐採後5・5年）

解説：壮齢薪炭林において、大径木を収穫し、下種更新を促しました。その結果、カエデ類の実生が多数生育し始めているので、これらを「庭木」として育成することができれば、経済的に大変価値ある林分になるはずです。

写真7-25

1　伐採前の林分（2010.6.6）

写真7-26

2　伐採直後の林分（2011.3.5）
大径木を伐採・収穫し、天然下種更新を促した

写真7-27

3　伐採5年半後の林分（2016.6.4）
カエデ類の実生が多数生育し始めている

⑥ サクラ類
―クヌギ・コナラ林

施業地：栃木県那須烏山市小原沢

【緯度36・602：経度140・175】

施業年度：平成23年12月

撮影年月：平成27年4月

（伐採後3・5年）

解説：シイタケ原木林において、サクラ類を残し、下層でクヌギ等の萌芽更新を促しました。伐採木のほとんどがシイタケ原木として販売でき、若齢木が多かったことから萌芽更新も旺盛です。春には花見もできるすばらしい景観になりました。このような里山林が各地に拡がることを期待したいものです。

写真7-28

1　伐採前の林分（2011.5.3）

写真7-29

2　伐採3年後（2014.9.30）
下層には萌芽更新による稚樹が多数見られる

写真7-30

3　伐採3年半後（2015.4.19）
サクラ類を残したため、春には素晴らしい景観が楽しめる

むすびにかえて

里山林が、「夢」や「絆」を感じる空間であってほしい
～高齢里山林亡国論～

日本最初の森林学者と言われる本多静六氏は、明治時代末期に当時の森林管理に対する警鐘である「アカマツしか生えないような国土のままでは国が亡ぶぞ」という赤松亡国論を唱えました。むすびにかえて、僭越ながらこの赤松亡国論を模して、高齢里山林亡国論を述べたいと思います。

さて亡国論などと物騒な言い回しをしてしまいましたが、もちろん高齢里山林が増えても国が亡ぶことはないでしょう。そして随所で禿げ山ができるほど貧弱な木々しか成育できない環境であった過去の時代に比べれば、現代のコナラやクヌギの大径化などはさほど心配すべき問題ではないのかも知れません。しかし、「景観10年、風景100年、風土1000年」という名言があります。目に見える景観は10年程度で変わりますが、それが100年ほど積み重なりその地に合う形になれば風景に、さらに長い年月を経ることで、その地に住む人間の体に染み込んだ風土になるとの意です。

現代の里山林の高齢大径化や放置によるヤブ化は、すでに景観だけでなく、風景も変えつつあります。そしてその陰に隠れて、「里山を活用する風土」が着実に消えかけていると言えます。1000年よりさらに長い歴史を持つ、コナラ等を燃料や肥料として利用してきた歴史、地域の木材を

うまく建築材等に活かしてきた技術、そしてその樹木を育む里山を必要としてきた「風土」の危機なのです。

数年前、里山林の写真を撮り歩いていた時に「樹木を持ち去ることを禁ず」という古い看板を見つけました。里山林が価値ある時代だった当時の産物です。看板を見ているうちに、ふと思いました。里山の樹木の価値が失墜して久しい今日、この採取を禁じるのは「自然保護」が目的だと思う若者がいても不思議はないだろうなと。

私は子供の頃、夏休みには早起きをして父とよくクワガタ採りに行きました。黒い宝石が捕れた時の喜びは今でも覚えています。ドングリ拾いも大好きでした。大きなドングリを見つけると母に自慢したものです。嬉しかった。楽しかった。私は今でも里山林に入る時は宝探しをしているようで、何だかワクワクします。

今回の執筆に当たって何度か自問しました。「高齢里山林の何が問題なのか」。そしてたどり着いた答えは、このまま里山林の高齢化が進み、自然に対する好奇心や期待感、そしてそれを育む家族との絆などが薄れ、「里山林などなくても良い」という里山林不要論がまかり通る時代が来てしまうようであれば、それは「精神的な亡国」なのではないか、ということです。

私は将来とも里山林が、子供いやむしろ大人にとって「夢」や「絆」を感じる心躍る空間であってほしいと思います。そしてそのためには、今こそ本当に広葉樹林を見直す社会になることを期待します。本書が少しでもその手助けになれば大変幸いです。

津布久　隆

参考文献

1）青木尊重（１９８２）：シイタケ原木林の仕立て方、林業改良普及双書No.80、２０２p、㈳全国林業改良普及協会

2）石川県農林水産部（１９９０）：育成天然林施業技術指針、42p

3）石川県農林総合研究センター林業試験場（２００４）：ミズナラ林の育林技術、よくわかる石川の森林・林業技術No.5、19p

4）石川県農林総合研究センター林業試験場（２０１１）：直播きによる森林造成法、よくわかる石川の森林・林業技術No.11、18p

5）石川県農林総合研究センター林業試験場（２０１３）：薪炭・キノコ原木林の仕立て方、よくわかる石川の森林・林業技術No.14、14p

6）伊藤清三（１９５１）：特殊林産物の需給と栽培　需給編、林業技術シリーズNo.22、１１０p、㈳日本林業技術協会

7）井上楊一郎（１９５６）：草地とその改良、林業普及シリーズ46、１５８p、林野庁研究普及課

8）臼杵永次郎（１８９３）：造林学　実用教育農業全書　第十三編、２４６p、博文舘

9）愛媛県農林水産部林政課（１９８４）：クヌギ林造成の技術指針、22p

10）愛媛県林業試験場（２００１）：ケヤキを育ててみませんか　研究成果移転実施報告No.6

11）大蔵永常（１９４６）：広益国産考、３３６p、岩波書店

12）大住克博ら編（２００５）：森の生態史―北上山地の景観とその成り立ち―、２２１p、古今書院

13）神奈川県林業試験場（１９９０）：広葉樹の施業と育苗の手引　林業技術現適事業、12p

14）神奈川環境農政部林務課（２０００）：神奈川県の広葉樹林、70p

15）亀山章編（１９９６）：雑木林の植生管理、３０３p、ソフトサイエンス社

16）亀山章ら編（１９８９）：最先端の緑化技術、３６０p、ソフトサイエンス社

17）川瀬清（１９８９）：森からのおくりもの―林産物の脇役たち、２０９p、北海道大学図書刊行会

18）河原輝彦ら（１９８７）：クリが優占する落葉広葉樹林における林分構造の経年推移、林業試験場研究報告No.３４４、ｐｐ１１７-１２９
19）環境省自然環境局生物多様性センター（２００１）：第６回自然環境保全調査　巨樹・巨木フォローアップ調査報告書（概要版）、24ｐ
20）木村尚三郎ら編（１９９０）：森の生活ドラマ１００、２７０ｐ、㈳日本林業協会
21）黒田慶子編著（２００８）：ナラ枯れと里山の健康、林業改良普及双書No.１５７、１６６ｐ、㈳全国林業改良普及協会
22）黒田慶子ら（２０１０）：人と自然のふれあい機能向上を目的とした里山の保全・利活用技術の開発、森林総合研究所交付金プロジェクト研究　成果集27、１５２ｐ
23）群馬歴史民族研究会編（２０１４）：歴史・民族からみた環境と暮らし、１５４ｐ、岩田書院
24）現代農業編集部（２０１１）：やっぱり枯れた「竹の１ｍ切り」、現代農業５月号、ｐｐ２４２-２４６、㈳農山漁村文化協会
25）豪雪地帯林業技術開発協議会編（２０００）：雪国の森林づくり—スギ造林の現状と広葉樹の活用—、１８９ｐ、日本林業調査会
26）豪雪地帯林業技術開発協議会編（２０１４）：広葉樹の森づくり、３０５ｐ、日本林業調査会
27）近藤助（１９５１）：広葉樹用材林作業、造林学全書第９冊、１５８ｐ、朝日書店
28）コンラッド・タットマン（熊崎実訳）（１９９８）：日本人はどのように森をつくってきたのか、２１８ｐ、築地書館
29）滋賀県森林センター（１９９０）：シイタケ原木林（クヌギ・コナラ）造成技術、21ｐ
30）四手井綱英（１９７４）：もりやはやし　日本森林誌、２０６ｐ、中央公論社
31）杉本肇ら（１９５５）：薪炭林の施業法に関する研究、愛知県林業指導書報告第２号、57ｐ
32）森林施業研究会編（２００７）：主張する森林施業論—22世紀を展望する森林管理—、３９５ｐ、日本林業調査会
33）全国森林組合連合会発行（１９９７）：しいたけ栽培と優良原木、75ｐ
34）全国林業改良普及協会編（２００８）：山林の資産管理術　森と暮らすNo.１、１８７ｐ
35）全国林業改良普及協会編（２００９）：定年なし！森を生かした収入法　森と暮らすNo.３、２０５ｐ
36）全国林業試験研究機関協議会（２０００）：「新時代の森林づくり」—広葉樹を育てる—、第33回林業技術シンポジウム、76ｐ

37）武内和彦ら編（2001）：里山の環境学、257p、東京大学出版社
38）田中淳夫（2014）：森と日本人の1500年、平凡社新書No.751、239p、平凡社
39）田中勝美（1983）：クヌギの造林、257p、田中印刷出版
40）田中長嶺（1901）：散木利用編　くぬぎ　第二巻、20p、近藤活版所
41）田内裕之ら編（2010）：広葉樹林化ハンドブック2010―人工林を広葉樹林へと誘導するために―、36p、㈱森林総合研究所「広葉樹林化」研究プロジェクトチーム
42）津布久隆（1992）：シカ・カモシカによる造林木被害の防除、栃木県県民の森管理事務所研究報告No.4、16p、栃木県県民の森管理事務所
43）津布久隆（1998）：キノコによるアカマツ林の保全、10p、栃木県宇都宮林務事務所
44）津布久隆（2008）：補助事業を活用した里山の広葉樹林管理マニュアル、108p、㈳全国林業改良普及協会
45）津布久隆（2008）：里山の管理・運営―栃木県の雑木林を例に　緑の読本シリーズ79、Vol.44　No.10（通巻613号）、pp50-54、㈱環境コミュニケーションズ
46）津布久隆（2009）：地域的な広葉樹林施業の推進　補助事業を活用した管理・利用　普及パワーの地域戦略、林業改良普及双書No.161、pp169-180、㈳全国林業改良普及協会
47）津布久隆（2009）：経済活動としての多様な里山林整備手法／栃木県　GR現代林業2009年10月号、pp20-27、㈳全国林業改良普及協会
48）津布久隆（2012）：里山林管理の出口を「経済活動」と「夢」に結びつける　森林技術No.839　2012年2月号、pp2-7、㈳日本森林技術協会
49）鳥取大学広葉樹研究刊行会編（1998）：広葉樹の育成と利用、206p、海青社
50）中島道郎（1948）：農用林概論、造林学全書第2冊、232p、朝日書店
51）中島道郎（農林省振興局編集）（1958）：農用林経営の合理化　農業技術編、改良普及員叢書No.27、82p、農業技術協会
52）中島道郎（1960）：あすからの農用林経営、林業改良普及叢書No.10、244p、㈳全国林業改良普及協会
53）長野県林業後継者対策協議会編（2006）：山菜の栽培と村おこし　信州山菜の風土と技術、157p、川辺書林
54）中村賢太郎編（1952）：林学講座　第1冊　森林施業、69p、朝倉書店

55）中山哲之助編（1985）：広葉樹用材の利用と流通　その現状と課題、385p、都市文化社
56）日本樹木誌編集委員会編（2009）：日本樹木誌1、760p、日本林業調査会
57）日本森林技術協会（2012）：ナラ枯れ被害対策マニュアル―被害対策の体制づくりから実行まで、29p
58）日本特用林産振興会発行（1991）：特用林産物の販路開拓に関する報告―提案と事例紹介―、217p
59）日本特用林産振興会発行（1991）：特用林産物の流通に関する報告―特用林産物流通改善に向けて―、510p
60）日本林業調査会編（1986）：天然林施業と複層林施業―その考え方と実際―、398p
61）蜂屋欣二ら（1986）：広葉樹林の育成法、わかりやすい林業研究解説シリーズNo.82、87p、㈶林業科学技術振興所
62）早尾丑麿編（1933）：日本主要樹種林分収穫表　再々増補版、494p、林業経済研究所
63）藤島信太郎（1930）：更新論的造林学、546p、養賢堂
64）藤島信太郎（1956）：実践造林学講義、413p、養賢堂
65）藤森隆郎ら編（1994）：広葉樹林施業、林業改良普及双書No.118、97p、㈳全国林業改良普及協会
66）松野薫編著（2006）：特用林産物流通実態調査、林政総研レポートNo.69、443p、㈶林政総合調査研究所
67）山内倭文夫（1957）：実用育林要説、495p、明文書房
68）山口進（2006）：米が育てたオオクワガタ、214p、岩崎書店
69）湯本貴和編（2011）：森と林の環境史　シリーズ日本列島の三万五千年―人と自然の環境史　第3巻、284p、文一総合出版
70）林野庁編（長谷川孝三監修）（1955）：育林綜典、670p、朝倉書店

索引

著者プロフィール

津布久 隆
（つぶく たかし）

1960年、栃木県佐野市生まれ。栃木県林業木材産業課長等を経て、現在、栃木県環境森林部参事兼県北環境森林事務所長。林野庁森林技術総合研修所において森林施業技術研修等の講師を務める。専門は森林保護。

平成19年度林業普及指導職員全国シンポジウムにおいて、「美しい森林《もり》の実現に向けた『17年の森林づくり』の推進」で最優秀賞を受賞。

著書に『補助事業を活用した里山の広葉樹林管理マニュアル』（全国林業改良普及協会／2008年）がある。

信念は「仕事は楽しく」「何事もあまり難しく考えない」。

連絡先：tubutubu007@yahoo.co.jp

デザイン・DTP　野沢 清子（株式会社エス・アンド・ピー）

木材とお宝植物で収入を上げる
高齢里山林の林業経営術

2017年1月10日　初版発行
2021年1月15日　第2刷発行

著者　津布久 隆

発行者　中山 聡

発行所　全国林業改良普及協会

〒107-0052　東京都港区赤坂1－9－13三会堂ビル
電話　03－3583－8461（販売担当）
　　　03－3583－8659（編集担当）
FAX　03－3583－8465
HP　http://www.ringyou.or.jp

印刷・製本所　株式会社 技秀堂

ISBN978-4-88138-343-8